科学家给孩子的

12 封信

向星辰大海挺进

欧阳自远　著

U0255680

中国大百科全书出版社

图书在版编目（CIP）数据

向星辰大海挺进 / 欧阳自远著. -- 北京 : 中国大百科全书出版社，2024.6

(科学家给孩子的12封信)

ISBN 978-7-5202-1480-3

Ⅰ. ①向… Ⅱ. ①欧… Ⅲ. ①地质学－青少年读物②天文学－青少年读物③航天学－青少年读物 Ⅳ. ①P-49②V4-49

中国国家版本馆CIP数据核字(2024)第021227号

向星辰大海挺进

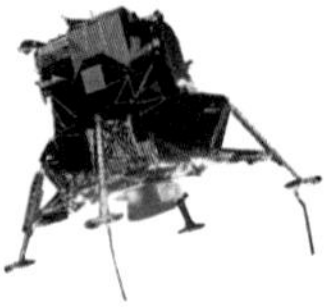

出 版 人　刘祚臣
策 划 人　刘金双　朱菱艳
责任编辑　马思琦
审　　稿　朱菱艳
插图绘制　田丝语　郑若琪
设计制作　锋尚设计　郑若琪
责任印制　邹景峰

出版发行　中国大百科全书出版社有限公司
（北京市阜成门北大街17号　邮编：100037　电话：010-88390759）
印　　刷　北京市十月印刷有限公司
开　　本　880mm×1230mm　1/32　印　　张　6.5
版　　次　2024年6月第1版　印　　次　2024年6月第1次印刷
字　　数　73千　书　　号　ISBN 978-7-5202-1480-3
定　　价　35.00元

每当夜幕笼罩大地，
星星闯入你我的视线，
月光下的少年心系祖国，
燃起梦想的火焰。

去唤醒沉睡的高山，
丈量大地，探究宇宙的历史。
去破解陨石里的奥秘，
求索天地间，摸索未知的边界。

嫦娥月兔，漫步月球之上，
祝融探火，科学征途漫漫。
那看似风平浪静的苍穹，
一直有神话故事在上演。

少年啊，勇敢向前，
在欧阳自远的足迹中汲取力量和智慧，
太阳系的星辰大海，
等待你去探索发现！

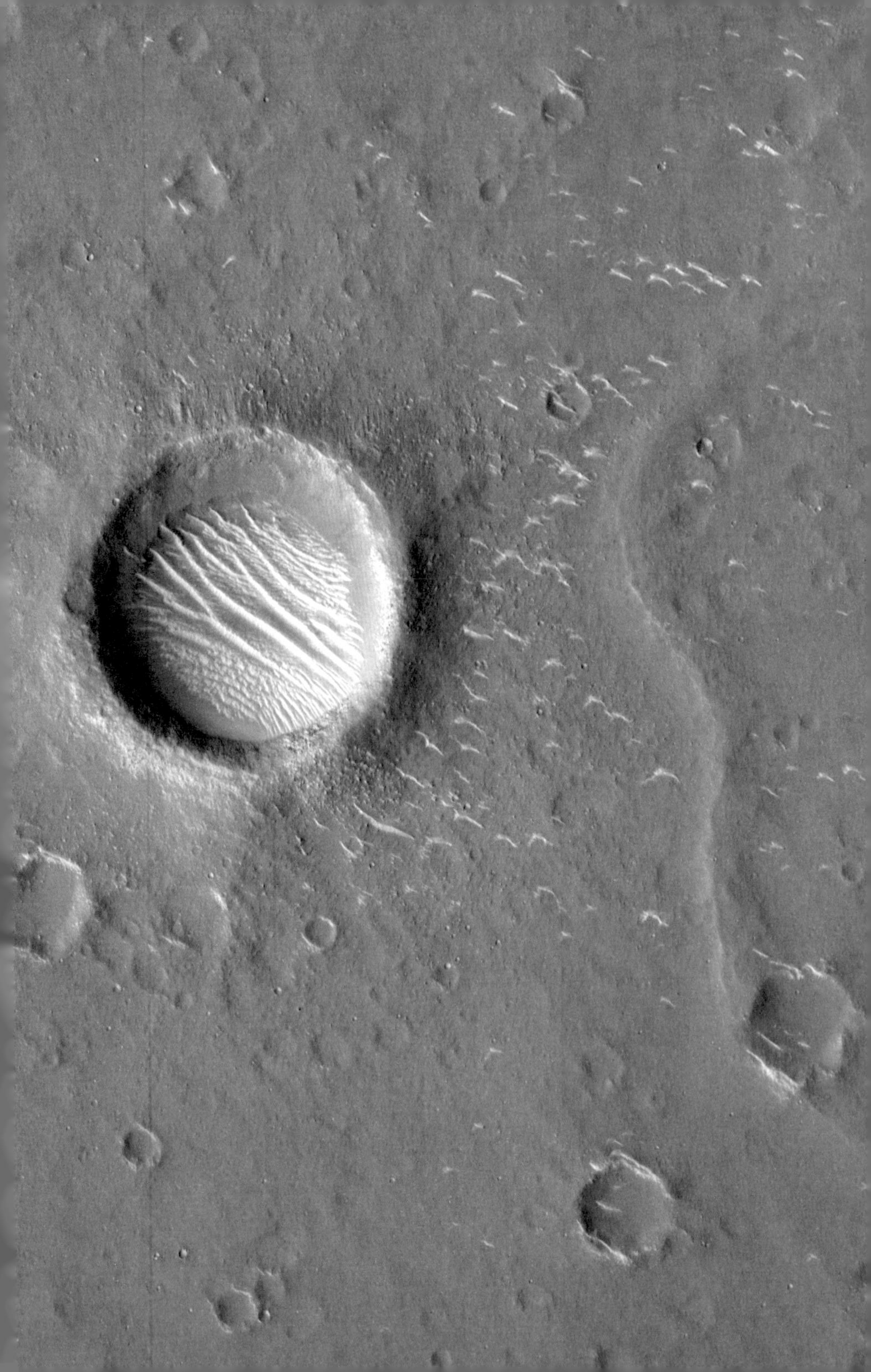

目录

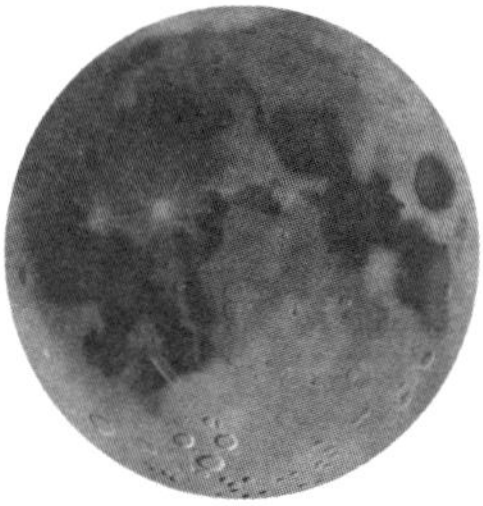

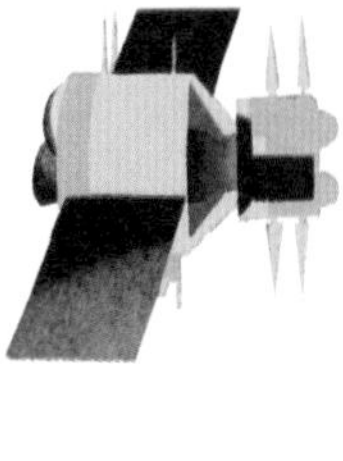

科学家给孩子的12封信

第1封信

向星辰大海挺进

我的求学时光

- 孤军奋战的研究生
- 勘探队员之歌
- 我要学地质
- 自由的读书时期

相信你肯定被问过这样的问题：“你长大后想做什么？”对我来说，新中国的诞生、国家的发展，激励着年轻时的我。1952年，我违背父母的意愿报考北京地质学院，我想学地质，去找矿。在四年的大学学习与生活中，学校教育我们要艰苦朴素、实事求是，“热爱专业、夯实基础、胸怀大志、报效祖国”成为我终生遵循的座右铭。

自由的读书时期

乙亥年（1935 年）十月初九，我出生在江西省吉安市我的外婆家。我的童年是在被日本鬼子追杀的逃难中、在流浪和恐惧中度过的。1945 年，日本投降了，我们一家的生活也渐渐稳定下来。

1946 年夏天，我被录取在省立永新中学念初中。少年时期，有四件事情令我记忆犹新。

第一，父亲教我拉二胡。父亲拉得一手好二胡，晚上没有什么事情的时候，父亲一个人静静地拉响二胡，悠扬的琴声把人带进了幽静、圣洁和令人遐想无限的世界。他要我首先掌握基本功，一定要学会拉刘天华的《良宵》《光明行》和阿炳的《二泉映月》等曲子。

第二，叔叔教我认字。叔叔在中国文学、历史和哲学上的造诣颇深，写得一手漂亮的书法。每天晚饭后，叔叔给我讲半个小时的汉字。他先将硬纸片剪成硬币大小的圆形，再写上一

SCIENCE

科學

本期要目

心理學與物質科學之區別

說中國無科學之原因

水力與汽力及其比較

中美農業異同論

生物學概論

科學社發行

中国《科学》杂志创刊号（1915年）

个字。他让我每天学10个字，给我讲解每个字的读音和意义，每周日要进行总复习和抽查考试。这段学习经历，使我感受到汉字的丰富内涵和无穷魅力，加深了我对中文的兴趣，提高了我的阅读和理解能力。

第三，每天上完课，我都会去永新县的一家书店，将书包丢在地板上，找到一本书后就坐在书包上看。我喜欢看《三国演义》《水浒传》《西游记》《东周列国志》《隋唐演义》等经典作品，尤其喜欢历史演义小说，唯有《红楼梦》看不懂，没有兴趣看下去。每天都是等到书店的老板提醒“小鬼，该回家吃晚饭啦”，我才依依不舍地把书放回书架，回家吃饭。

第四，书店有一些科普书，还有《科学》杂志，杂志里天文、地理、数学、物理、化学、生物、医学等知识应有尽有，我每期都要看完才尽兴。

我深深地感到，中学时期是一段读“野书”的疯狂时期。

我要学地质

1952 年，我国开始举办大学生统一招生考试，我有幸参加了第一次全国高等学校统一招生考试。

按照规定，每个考生可以填写三个报考志愿。父母坚持要我报考医学类学校，期望我做一个医生，继承祖业，治病救人，积德行善。

1952 年，欧阳自远高中毕业准备报考北京地质学院时与父亲欧阳志云（左）合影。

我真诚地告诉父母，现在我们已经解放三年了，大家都知道中国要向苏联学习，要不断地发展、强大，人民的生活才会改善。中国要建设成一个工业化的国家，但是“家底”很薄，一穷二白，特别是矿产资源最缺少。新成立的北京地质学院，开设了普查找矿系、石油系、煤田系、金属和非金属勘探系，目的就是要突破这些关卡。

那时，我经常听到广播里播报：“年轻的学子们，你们要去唤醒沉睡的高山，让它们献出无尽的宝藏！”这句话深深地打动了我，我要学地质，去找矿！我一定要为中国的工业化发展做贡献！父母被我的真诚所感动，他们表示尊重我的理想，支持我的选择。

最终，我按自己的想法填报了志愿，被北京地质学院金属与非金属矿产勘探系录取。北京地质学院是由北京大学地质系、清华大学地质系、天津北洋大学地质系和唐山铁道学院地质工程系重新调整组建而成的，是我梦寐以求的学校。

勘探队员之歌

大学生活就像一首由青春、阳光和梦想组成的交响曲。我们经常情不自禁、两手有力地打着拍子，自豪地哼唱《勘探队员之歌》，以表达内心强烈的荣誉感和责任感。“是那山谷的风，吹动了我们的红旗。是那狂暴的雨，洗刷了我们的帐篷。我们有火焰般的热情，战胜了一切疲劳和寒冷。背起了我们的行装，攀上了层层的山峰，我们满怀无限的希望，为祖国寻找出富饶的矿藏……”现在，《勘探队员之歌》已经正式成为中国地质大学的校歌。

大学的学习和生活紧张而有序，我怀着浓厚的兴趣学习各门基础课和专业课。只要认真听讲，课后自己总结一下，各门课程都能融会贯通。

1953 年，我被评为学校的“三好学生”，后来又被评为北京市“三好学生”。学校为了鼓励我们几个学生，通知我们在暑假期间，学校的巴甫林洛夫等五位苏联专家将带领我们到南

是那山谷的风，吹动了我们的红旗，
是那狂暴的雨，洗刷了我们的帐篷。
矿石样本
野外地质考察
我们和苏联专家学习地质学知识。
我们在实验室内进行观察研究。

京考察地质。

第二天，我们开始野外地质考察，到栖霞山察看地层剖面。苏联专家为我们讲解栖霞山的地层序列、形成环境和二叠系栖霞石灰岩中的化石——纺锤虫的种属与演化。通过这一次地质旅行，我学会了在地质考察中如何去观察、分析和研究地质现象。

我学习的专业是金属和非金属矿产勘探，培育目标是金属和非金属矿产勘探工程师。每年暑假，学校安排我们进行教学实习或生产实习。在第一年的地形测量实习中，我学习了如何使用测量仪器，测绘出一张精确的地形图。当时最好的计算工具是计算尺，但是计算步骤繁杂，效率太低。我利用计算尺的原理，研究了一种绘制图解的方法，简便易行。在第二年的生产实习中，我到地质钻探队学习钻探技术，到挖掘坑道的场地学习坑道掘进技术。在第三年的毕业实习中，学校分配我到河北省寿王坟铜矿进行毕业论文研究。

经过半年多的研究，我完成了毕业论文《河北省寿王坟矽嘎岩型铜矿床的成因与找矿方向》，经答辩委员会审定，我的毕业论文和论文答辩成绩优秀。

1954年，矿产地质勘探系的矿床教研组组织了学生科研小组，以培养学生的学习兴趣，提高科学研究能力。我参加了

“湖南桃林铅锌矿研究小组”。那时候，老师只能在实验室讲解矿石标本，做一些实验室内的观察研究。

1955 年，我跟随苏联找矿勘探专家拉尔钦柯教授和他的研究生队伍，去了几个矿区，学习怎样做野外矿床研究。拉尔钦柯性情急躁，容易发脾气训斥学生，要求我们上山不准掉队，不准带水壶，大家对他有些畏惧，常敬而远之。但是，每看到一处有意义的现象，他都要向研究生详细说明，再进一步耐心地讲解，特别是对一些细节解释得合情合理，把矿石形成的过程描述得惟妙惟肖，解析得透彻清晰。

他再三强调，野外现场观察和研究要收集第一手资料，这是实验室工作和研究工作的基础，年轻学生首先要学会做野外地质工作，取得第一手有科学价值的资料。我受到很大的启发和鼓励，体会到对地质现象的观察、思考和理解要细致周到。

1956 年 6 月，学校发给我北京地质学院毕业证书，并告诉我，我的毕业证书不是一般的毕业证书，根据我四年的成绩和毕业论文的成绩，证书上多盖了一个“优秀”红色大章，属于“优秀毕业证书”。

孤军奋战的研究生

1957年，我被中国科学院地质研究所录取，从事矿床学研究，指导老师是涂光炽教授。涂先生第一次约我谈话，开门见山地问我："你对什么类型的矿产研究有兴趣?"我说："我很想研究长江中下游矽嘎岩型铁矿和铜矿的成因及找矿方向。铁和铜是中国钢铁工业及电器工业未来发展需要的主要资源，长江中下游的地理位置有特殊意义。"他说："你有兴趣，这个方向又值得研究，研究生论文的题目就这样定了。"

欧阳自远（左二）与导师涂光炽（右二）

涂先生又说："出野外考察、采集样品、要做哪些实验室研究等，你写一个计划给我。我工作比较忙，在学术上和实验室工作上有什么问题，你可以直接找苏联专家苏斯洛夫教授讨论。"

长江中下游的矽嘎岩型铜矿和铁矿，主要分布在安徽省的"铜都"铜陵市的铜官山、狮子山、凤凰山等矿区和马鞍山铁矿区，以及湖北省的大冶、阳新等矿区。1957 年夏天，我第一次一个人出差，去安徽和湖北相关的矿区进行地质调查和研究，收集成矿地质条件、成矿环境与成矿过程的科学证据，采集有科学价值的样品，回到研究所进行各项分析测试。

比较艰苦的地质调查是在矿区的地下坑道里进行的。矿区矿务局根据矿体的形状和深度，首先挖掘一个大竖井，每 30～50 米深度挖掘一层可以到达矿体不同方位的平面坑道系统。地质勘探队或矿山开采部门要挖掘多层的坑道系统。大竖井是运输矿石的通道，地质调查人员只能通过多层坑道系统之间的通风井，用小梯子爬上爬下。通风井狭小且没有灯光，只能容纳一个人垂直上下。平面坑道里灯光暗淡，地面积水，走起路来双脚要泡在水里。但是在坑道的顶棚和两壁，各种成矿的现象应有尽有，清晰极了。

我全副武装，准备了地质锤、放大镜、罗盘、地质背包、记录本、铅笔、军用水壶、午饭（两个馒头加咸菜）、坑道里统一使用的小矿灯、安全帽和相机。小矿灯的使用原理是用电石加水产生甲烷，在喷口处点燃出一个小火苗。找到关键性的成矿现象时，在昏暗的坑道里，我只能用闪光灯照相。当时拍一张照片要炸毁一个镁光灯灯泡，每一次进坑道，我只能带三个镁光灯灯泡，拍三张照片。因此每拍一张照片，我都要考虑再三，希望每一张照片都能用在毕业论文中。我每天早上 7 点进坑道，晚上 7 点出坑道，背着沉重的装样品的大背包回到驻地。吃过晚饭后，我还要完成整理记录样品、登记编号等工作。我每天都感到收获满满，时不时哼唱起《勘探队员之歌》。

在野外和矿区工作两个月后，我回到研究所，运回采集的七大木箱研究样品，开始进行室内分析、测试工作，同时利用空余时间完成有关考试任务。

正是在这个时期，1957 年苏联成功发射世界第一颗人造地球卫星，拉开了人类空间时代的帷幕，这股强大的“冲击波”激励并推动了我迈向另外一个崭新的领域——向太阳系的星辰大海挺进。

科学家给孩子的12封信

第2封信

向星辰大海挺进

迈进空间时代

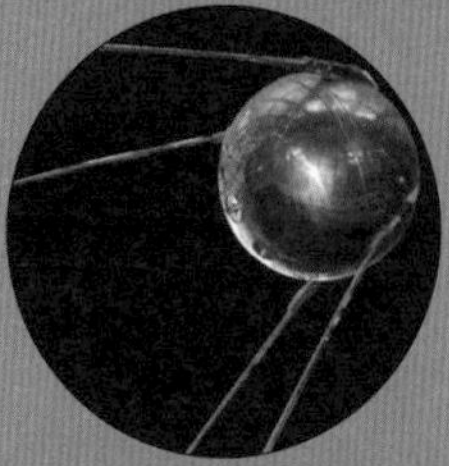

- 『阿波罗17号』月球样品研究
- 平流层收集行星际尘埃
- 天外来客——陨石
- 第一颗人造地球卫星

你会不会好奇，为什么学地质专业的我成了探月科学家？其实，地质学家除了能考察地球上的岩石和矿物，还可以钻研地球以外的天体物质。在中国探月工程启动之前，我已经对陨石、宇宙尘埃和美国探月获得的岩石样品进行过研究。如果你到北京天文馆参观，你会看到我第一次研究的月球岩石。

第一颗人造地球卫星

人造地球卫星是指环绕地球在空间轨道上运行至少一圈的无人航天器，简称人造卫星或卫星。人造地球卫星的种类非常多，可分为技术试验卫星、应用卫星和科学卫星。技术试验卫星用于研究卫星本身的某种新技术，应用卫星直接服务于人们的社会活动，科学卫星用于发现和研究月球、地球与其他天体或其他领域的科学现象。

在生活中，我们接触到的主要是应用卫星。气象卫星给我们提供每天的天气信息和气象预报。导航卫星为我们航空、航海、行车和走路指引方向。对地观测卫星的图像可用来制作各种导航仪、电子地图。我们通过网络所获得的信息，很多都是由通信卫星传递而来的。

我们从事找矿勘探的地质人员，像小蚂蚁一样在地球上爬来爬去找矿，如果在人造地球卫星上装置先进的仪器设备，在地球上空的探测将更精确，我们可以长期、全面、系统地获取各种地质参数，在尽可能短的时间内取得更多成果。

1957年10月4日，苏联成功发射了世界第一颗围绕地球运行的卫星——“人造地球卫星1号”，拉开了空间时代的帷幕。这颗卫星重83.6千克，外表呈圆球形，直径58厘米。1958年2月1日，美国也发射了一颗人造地球卫星。从此，苏联和美国两个超级大国展开了激烈的太空竞赛。

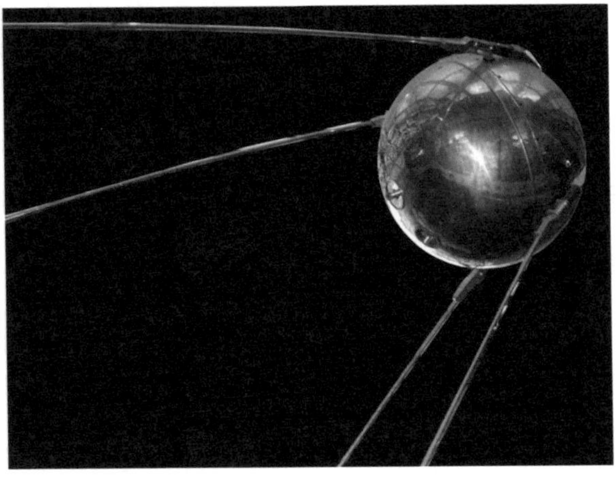

“人造地球卫星1号”

什么是人类的空间时代？我的理解就是开发太空资源的时代。这是人类科技发展的未来趋势和重要选择。空间时代将推动国家强大，前景辉煌。

我坚信，中国也一定会加快步伐进入空间时代。至 1958 年，年轻的共和国诞生不到十年，一穷二白，百废待兴，基础薄弱，人才匮乏。国家正以前所未有的雄心壮志，逐步加速组建相关的研究院所。突破关键技术，研制火箭、导弹、卫星和空间探测器等设施。首先要拥有能够进入空间的技术和能力。

其次，我们需要厘清的问题是，人类进入地球空间，进一步探测遥远的月球和火星、金星等行星，在科学上有什么目的，这些天体有哪些科学问题值得探索。同时，我们需要知道美国和苏联对月球返回的样品进行过哪些研究，取得了什么研究成果，天体的物质与地球的物质有什么差异。我们要知己知彼。为此，我们必须对美国和苏联的月球与行星探测计划、方案、成果进行系统的调研及综合分析研究，紧密结合科技发展趋势和中国的国情，提出中国的探测方案、目标和技术要求。

中国必须培养一支研究天体物质的专家队伍，与研制火箭、探测器等的技术队伍相结合，才能相互推动，加快中国空间时代的到来。

天外来客——陨石

长期以来，中国的科学家只研究过地球的矿物和岩石，没有研究过地球以外的月球、小行星和行星的结构构造，以及其岩石、矿物、元素和同位素特征与成因，不清楚它们与地球的物质有什么差异。幸好地球以外，比如月球、火星、小行星等的天体物质会掉落在地球上，那就是陨石和宇宙尘埃。于是，我们开始收集和系统研究这些“天外来客”。

陨石是一种很神奇的石头，它被称为太阳系的“考古”样品，是构成太阳系的行星、卫星和小行星的初始物质，是太阳系平均化学组成的代表，是孕育生命起源的胚胎，是行星际空间的天然探测器，也是观察和研究太阳系的“窗口”。

1958年，全国正处于大炼钢铁时期。广西南丹县的小高炉无法将当地分布较广的一种“铁矿石”熔融炼为钢铁，当地的技术人员带着“铁矿石”样品到北京的中国科学院地质研究所请教。我一看那“铁矿石”，就兴奋地大声叫起来：“这些不是铁矿石，而是天上掉下来的铁陨石！”铁陨石是一种铁和镍的不锈钢，是在小行星的核心部位经高温冶炼形成的铁－镍合金钢，小高炉必然熔融不了它。

后来我们发现广西河池地区的《庆远府志》记载：“（明朝）正德丙子（1516 年）夏五月夜，西北有星陨，长六丈，蜿蜒如龙蛇，闪烁如电，须臾而灭。”这些“铁矿石”正是明朝正德年间降落的铁陨石雨物质，现被命名为“南丹铁陨石”。此后，我们相继研究了新疆特大型铁陨石、内蒙古乌珠穆沁铁陨石等各类铁陨石。

此时，我们还开展了各类石陨石的研究。1960 年，在中国与苏联边境发生了一件大事。一个大火球横空出世，伴着巨

1956 年，欧阳自远在新疆铁陨石前拍照留念。

大的轰鸣声，火球高速冲进中国境内，令人惊心动魄。当时人们误以为这是一场新式武器进攻。最后人们在地面找到了一块“烧焦的石块”，重约1千克。经我们鉴定，这是一块典型的石陨石，它高速冲进地球大气层压缩大气，与大气分子碰撞摩擦，高温高压下形成火球，没有燃烧完的残骸落下成为陨石，后来这块陨石被命名为“内蒙古石陨石”。

1970年，考古学家在河北藁城县的一座商代古墓葬里发现了一件青铜武器“钺”，青铜钺的前端刃部被嵌入了一块铁片。这件青铜器被认为是3000多年前全世界最先进、最锋利的武器，称为“铁刃青铜钺”。这件文物在中国历史博物馆展出后，社会上传出“中国古代文明的发展史将提前1000多年”的论调，因为如果商代可以冶铁，中国的封建社会就应该从商代开始，而不是从战国末期的秦始皇时期开始。

当时中国科学院考古研究所所长夏鼐先生找到刘东生先生讨论，认为商代的人只能冶炼青铜，没有冶铁能力。中国是在战国末期和秦朝时才出现冶铁技术。青铜是奴隶社会的特征，冶铁和用铁制作生产工具，表明社会随着生产力的进步进入了封建社会。当时刘东生先生建议我做鉴定，以确证铁刃青铜钺的铁刃是天然铁还是人工冶炼的铁。我提出有小芝麻粒大小的样品就足够用于鉴定。但是，文物不能被破坏取样，等了好些日子，我得到灰尘颗粒大小的一点点样品，经鉴定确证它是铁陨石。这次研究鉴定结论，使中国社会文明发展提前1000多年的有关议论烟消云散。

你看，古人是不是很聪明？把一小块铁陨石加温、捶打制成片状，再将其嵌入铸造青铜钺的刃部，就制成了当时杀伤力最强的武器。

1976年3月8日的吉林陨石雨，是世界规模最大的石陨石雨，陨石陨落的分布面积达500平方千米。“吉林1号”陨石是世界上最大的石陨石，重1770千克。中国科学院组织地球

联合考察队对“吉林1号”陨石打钻取岩芯，进行宇宙成因核素深度分布研究。

欧阳自远参与设计的《吉林陨石雨》邮票

科学、天文科学和力学的研究所，联合高等院校相关的专家组成吉林陨石联合考察队，我带领联合考察队进行了 1 个多月的联合考察和 3 个月的室内实验研究。

我们的研究内容包括吉林陨石的来源与年龄；陨石母体的碰撞演化历史，及其在行星际空间的运行轨道的演变；陨石母体进入大气层的轨道与演变，陨石母体表面的温度与压力变化，陨石母体爆裂的高度，陨石碎块降落的轨道与分布特征；陨石的元素与矿物成分、岩石类型、结构构造、形成与演化历史；陨石含有机组分、氨基酸、烷烃类化合物等 10 余种物质的含量与分布；宇宙成因核素与宇宙线照射历史等。我们发表了 100 多篇研究论文，出版了一部研究专著，这些研究成为当代国际陨石研究的典范。

1980 年和 1981 年，德国马普协会的海德堡核物理研究所（包括海德堡大学）和曼因兹化学研究所，希望与中国科学院的科学家联合研究世界规模最大的吉林陨石雨。中国科学院与马普协会签订了《吉林陨石雨合作研究协议》，共同培养博士研究生，并实行双导师制。我作为中方研究队队长和导师，两次带队到海德堡进行合作研究，每次6～8个月，获益匪浅。

从1998年开始，中国南极考察队在南极中山站附近的格罗夫山地区，陆续找到了12000多块陨石，这些陨石种类齐全，有来自太阳系的各类小天体、月球和火星的陨石。全国有关研究院所和高等院校，发挥各自的优势与特色，在国家海洋局南极委员会的统一安排下，开展了系统和深入的研究。

GRV 99027

GRV 020090

中国南极考察队找到的二辉橄榄岩质火星陨石

平流层收集行星际尘埃

宇宙尘埃指以微细颗粒形式弥漫于太阳系空间的物质，其尘粒直径大可到 10 微米，小可到 0.01 微米。按照天文位置，宇宙尘埃分为星系间尘埃、星际尘埃、行星际尘埃和环绕行星的尘埃。

20 世纪 70 年代以来，美国、苏联及欧洲各国使用长期在空间运行的飞行器太阳能发电板，收集并研究撞击在发电板上的行星际尘埃；或用空间飞行器直接撞击彗星或小行星，收集溅射的尘埃，飞行器返回地面后科学家开展研究工作；美国还使用无人机在地球平流层收集行星际尘埃。

我们也进行过行星际尘埃的研究。1981 年，我们使用体积为 8 万立方米的充满氦气的科学气球，携带一个重约 100 千克的收集器，进行地球平流层行星际尘埃收集。

科学气球在北京郊区释放，上升到 37 千米高的平流层中，收到指令即张开收集器。高空的稳定风向是西风，科学气球被科研人员进行升空前的检查。

1981年，我带领科研人员开展了高空科学探测气球平流层宇宙尘埃的收集与研究。

吹向东方，进入太平洋上空飞行，收集行星际尘埃。

随后，科学气球根据飞行程序抛出携带的铁砂，科学气球负重减轻，进而上升到40千米高空，进入东风带，回程途中继续收集行星际尘埃。科学气球飞临北京上空时，为避免受到低空尘埃污染，它会被“指示”关闭收集器，准备着陆。

接着，科学气球收到指令，切断科学气球悬挂收集器的缆绳，打开收集器的降落伞，收集器缓缓着陆，收集器的无线电发出着陆点经纬度的通知后，我们立即赶到着陆位置回收收集器。

在涂有硅油的收集板上收集的尘埃颗粒，绝大部分是地球的火山灰，行星际尘埃比较稀少，我们取出行星际尘埃颗粒进行了研究。我们一共实施了两次平流层行星际尘埃收集，发表了一系列研究论文。

通过对陨石和行星际尘埃的系统研究，中国培养了一批基础坚实、技术精湛的青年天体化学科学家，逐步建立了一系列先进的、高水平的实验室。

“阿波罗 17 号”月球样品研究

1978 年 5 月，美国总统吉米 · 卡特为了与中国正式建立外交关系，派国家安全事务顾问兹比格涅夫 · 布热津斯基来华访问，与中国领导人商谈建立正式外交关系的准备事宜，并赠送了两件国礼。第一件国礼是一面很小的中华人民共和国国旗，是美国登陆月球的航天员带到月球上再带回来的；另一件国礼是一块嵌入透明有机玻璃里的岩石，是登陆月球的航天员从月球上带回来的岩石样品，非常珍贵。

客人离开之后，当时的国家领导人提出，应对月球岩石样品进行鉴定，不知中国有哪位科学家能研究一下这样品是否来自月球。中央办公厅工作人员询问教育部和中国科学院，都得到回复没有人研究过月球的石头。但是，中国科学院告诉中央办公厅，科学院有一位科学家专门研究天上掉下来的陨石，可以让他试一试。结果，我们得到通知去中央办公厅领取这块月球岩石。

我们从中央办公厅取回来嵌入有机玻璃里的月球岩石，有机玻璃的上方被磨制成凸透镜形状，玻璃起到了放大镜的作用，月球岩石看起来有小拇指大小。我在经过清洁处理的手套箱内砸开有机玻璃取出月球岩石，这颗岩石实际上只有小黄豆粒大，重量约1克。

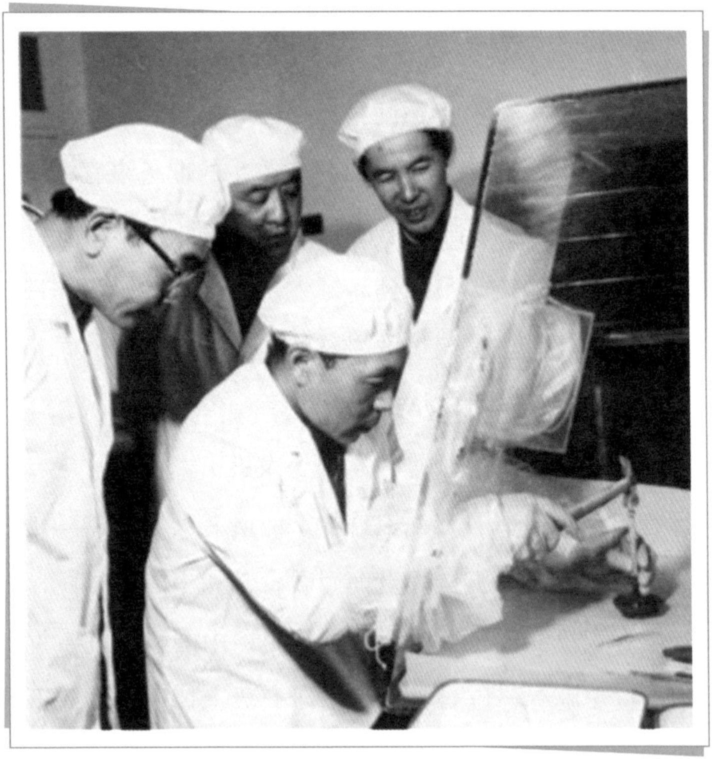

1978年，欧阳自远在洁净的手套箱内砸开有机玻璃取出月球岩石。

我设想约 0.5 克月球岩石样品，完全够各项分析、测试和研究使用，于是提出了“月球岩石分析测试与研究总体流程和技术要求方案”，先做非破坏性测试研究，再做破坏性测试研究。围绕这 0.5 克月球岩石，按照设计流程，经历 4 个月的分析、测试与研究，我们发表了 14 篇研究论文。分析及研究内容包括月球岩石的结构构造、元素与矿物成分及岩石类型，关键性元素的同位素组成，探讨月球空间环境的影响，岩石的形成环境、后期的演化过程与经历的重大事件，岩石的产状环境以及是否经历过阳光的长期照射等。我们确认，所研究的月球岩石是“阿波罗 17 号”登陆航天员采集的编号为 70017−291 岩石样品。后来，美国的科学家赞扬道：“你们都知道了。”

1979 年，我们还剩下一小块 0.5 克“阿波罗 17 号”采集回来的玄武岩，我将它送给了北京天文馆，请他们向广大公众展出，同时也介绍一些月球的相关知识。由于展出的月球岩石颗粒太小，肉眼看不清楚，我建议他们在展出样品的前方设置放大镜镜片，使观众能够看清楚月球岩石展品的形貌。

现在，月球岩石展品已经成为北京天文馆的镇馆之宝。

科学家给孩子的12封信

第3封信

向星辰大海挺进

地下核试验

- 激动人心的时刻
- 防止地下水污染
- 地下核试验选场
- 艰巨的任务

1964 年，国家要我承担“中国地下核试验场选场与防止地下水污染”和“中国地下核试验的综合地质效应”的重大任务。完成任务的过程中，我发现地面核试验、大气层核试验、地下核试验过程中产生的超高温和超高压冲击波的巨大撞击作用与影响，非常类似于小天体撞击地球产生的超高温和超高压冲击波的作用与影响。

艰巨的任务

1960 年我研究生毕业后，中国科学院地质研究所所长侯德封调我到他的研究团队，从事核地球化学（也称核子地质学）研究，并担任研究所所长的学术秘书。核子地质学是侯德封创立的新研究方向，即从原子核的物质层次的角度研究地球宏观过程的基本规律。

1963 年，我完成了中国科学技术大学核物理系各年级基础课的进修与考试，完成了中国科学院原子能研究所的各种核物理实验，回到地质研究所。侯德封所长询问我："这两年来你对核子地质有什么新想法？"我很坦诚地说："地球演化的历史和过程错综复杂，现在地球科学的理论只讲现象，不讲理由和原因，有一些理论甚至明显是错误的。我想从根本的基础上讲清楚，即从原子核的物质层次来解释地球宏观的演化过程。地球的演化取决于地球内部的能量如何产生，产出率是多少，能量如何分布和迁移，地球的板块构造运动、岩浆与火山活动、成矿过程，地球内部随深度增加而地热增温、地球能量产生和消耗的平衡等，地球内部能量何时消耗殆尽，成为一个像月球那样没有内部活力的天体。”他很激动，建议我用一年时间写出一部专著。1963年，我完成了专著《核转变能与地球物质的演化》。

更使我意想不到的是1964年初，侯德封所长找我谈话，他很慎重地告诉我，国家有一项重大任务——地下核试验，要我们承担地质综合研究。他说：“国家要你承担这项重大任务，是国家对你的极大信任和支持。你要勇敢担当起来，全力以赴！首先，你要充分理解任务的目标与要求，认真思考任务对科学技术进步、国家发展强大的重大意义。其次，你要仔细分析并提出任务中有哪些关键性的科学技术问题需要解决和突破。再次，你要团结大家，克服困难，完成任务！”

中国人民解放军国防科学技术委员会（简称“国防科委”）的副主任张爱萍将军带了一位参谋来到侯德封的办公室，他讲话开门见山：“欧阳，你是学地质的，又学过核物理。中国很快就要进行第一颗原子弹爆炸试验，还要准备地下核试验，你要带一支队伍，选一个地下核试验场。”我说：“我从来没有干过。”他说：“有谁干过？中国没有人干过，你们年轻人不会学吗？边学边干！最要紧的是在指定的区域里找到一个符合要求的地下核试验场。周总理有指示，地下核试验不能‘冒顶’，不能‘放枪’，不能造成污染。”他接着详细解释了这些要求，特别是地下水污染，“如果这个区域的地下水被污染了，大面积的河流、湖泊将会被污染，你我都将是历史的罪人。”他坚定、明确、认真、细致、全面、清晰地解释了任务要求。他希望侯德封所长尽快组织一支跨多个专业、团结合作的团队，并对保密事务提出了严格的要求。

后来，我整理了张爱萍将军交代的研究任务：地下核试验场区选场，地下核爆炸场区的岩石、构造和环境优选，地下核爆炸图像与过程模拟，地下核爆炸泄漏预防与措施制定，地下核爆炸后的地下水污染防治和地下核爆炸综合地质效应研究。我万分激动，这是党和国家对我最大的关爱与信任。我下定决心，承担这份最艰巨的任务与责任，只能做好，必须做好，一定要做好，拼命也要做好!

在研究所党委副书记的领导下，研究所组织了从事地球化学、矿物与岩石、构造地质、工程地质、水文地质、放射性同位素地球化学、高温高压实验地质、化学与仪器分析测试技术等研究的19名专业技术人员，组成“219研究小组”。研究所任命侯德封、叶连俊为顾问，我为组长，谢先德为支部书记。

地下核试验选场

我们查看并参考了相关的技术资料，多次讨论、拟订了地下核试验场的各项技术指标。考虑到野外地质调查的实际需要，地质部资料馆提供了选址地区的各种地形图、地质图和地质构造图供我们使用。

我们工作的流动性很大，要带着帐篷住在戈壁滩上，最后我们选择了南山。我们根据各自的专业分工任务对南山进行勘测，中午到达山顶会合。大家捡一些干枯的树枝，烧起一团篝火，折下一些小树枝，再将馒头插在小树枝上，馒头在火苗上烤得焦黄，香喷喷的烤馒头夹一些咸菜，十分可口。大家饱餐一顿，愉快地交流新的发现和收获。我们选了另外一条路下山，一路走一路勘测，晚上 8 点多，天空仍然明亮，我们回到了帐篷。大家不顾一天的疲劳，赶紧整理勘测资料，热烈讨论各种地质现象。半个多月后，我们满载而归，回到基地。通过一系列论证，南山成为首选的地下核试验场。

1964年10月初，核试验基地领导通知我："明天国防科委副主任张爱萍将军，要和你一起搭乘专机勘察南山地下核试验场，你准备汇报。"第二天一早，张爱萍将军在机舱外接见我，并与我一同进入机舱，飞机上还有10位将军在座，看来只有我一个人是"老百姓"。

飞机起飞后，我发现机舱的底部是一块透明的玻璃板，我们可以清晰地看见地面的情景。开始时张将军不断地提问，我忙于答复。到达南山上空后，他要求飞机慢慢地在上空盘旋，我介绍了南山的地形、地质概况、岩石的特性、断层裂隙分布和地下水情况等，还对工程设计提出建议。

1964年10月16日，中国第一颗原子弹爆炸成功。

飞机转了几圈，他又提了一些问题，我解答后，他兴奋地说："看来南山可以做好几次试验。"

我还告诉他，中国第一次原子弹爆炸后，我想不断收集全国各地大气层的气溶胶，分析爆炸后各种放射性核素在大气层里的分布、运移和影响，他很高兴地表示支持并鼓励我。

1964 年中国第一次核试验之后，我在全国各地收集大气层中的气溶胶，分析核爆炸产生的放射性裂变产物的分布和浓度变化，测定大气层的放射性污染和运移过程。

中国第一次核试验之后，欧阳自远收集全国各地空气中的气溶胶，在实验室测定各类放射性核素的分布和浓度变化。

防止地下水污染

1966年后，为了使实验工作能够持续进行，国防科委将我们的研究队伍和各种实验设备从贵阳搬迁到北京通县的一栋大楼里，大家各就各位，安装、调试仪器设备，紧张而有序地开展各项实验研究工作。

地下核爆炸后，地下爆室因爆炸产生的高温高压，将挤压扩展爆室，并使爆室周围的岩石气化熔融，岩石熔融形成的熔体落下，堆积在爆室底部，由于冷却速度比较快，会形成大量的玻璃体。玻璃体内会包裹核试验产生的各种放射性裂变产物，具有很强的放射性。核爆炸产生的强大冲击波，会使爆室周围尤其底部产生大量裂隙，地下水涌出，浸泡高放射性的玻璃体。如果各种放射性核素被地下水溶解、携带、迁移、扩散，污染河流或湖泊，将造成严重后果。

南山由厚层状的寒武纪石灰岩组成，在南山施工现场，我发现南山边有一个小山包，由安山岩组成。石灰岩经高温高压熔融后形成氧化钙熔融玻璃体，溶于水形成氢氧化钙，如果各类放射性核素完全被水携带，将严重污染地下核试验周边地区的水源。根据计算和实验结果，将安山岩与石灰岩按一定的重量比例混合，会形成不溶于水的硅酸盐玻璃。硅酸盐玻璃体中包裹的各类放射性核素完全不溶于水，不会被地下水携带迁移。

我立即向程开甲先生和基地司令部工程兵领导汇报，建议在安山岩小山包开采安山岩，将安山岩制成大型砖块状，在已挖掘好的爆室内壁，将安山岩按需要数量，砌成爆室的内层。当原子弹在爆室内爆炸后，两类岩石气化熔融，形成硅酸盐玻璃熔体，放射性物质将被玻璃体包裹，就不会被地下水溶解、运移，也就不会污染当地地下水体了。

我们将地下核试验场区的各类岩石加上不同性质的放射性核素，在高温高压下熔融形成玻璃体，再配制当地的地下水浸泡，观察并发现不同的放射性核素的溶解、携带、迁移、扩散的过程与特征。根据大量的实验数据，我们提出了一个地下水不能将玻璃体内的放射性核素溶解、携带、迁移、扩散的方案，确保不会污染河流或湖泊。这个方案在地下核试验中得到成功实施与验证。通过系统的地下核试验工作，我们建立了地下核爆炸地质学、超高压超高温实验岩石学、冲击变质矿物学等学科，为地下水放射性核素污染与防治、地外小天体撞击地球诱发气候环境灾变和生物灭绝事件研究打下基础。

激动人心的时刻

1969 年 9 月 23 日，我静静地坐在安全区的小板凳上，手拿望远镜一直紧盯着南山山顶上的大十字架。突然，我看到十字架向上跳起来，然后平稳地落下。接着地动山摇，震耳欲聋的爆炸声响彻云霄，山上的浮石哗啦啦向下坠落，浓密的烟尘渐渐挡住了视线。安全区欢声雷动，掌声齐鸣。根据爆炸后各项数据的监测，地下核试验取得圆满成功！

张爱萍将军激动地高声朗读了他创作的一首诗词：“红日升，南山狮吼虎熊惊，虎熊惊，地震山崩，欢声雷鸣！”

1971 年，距离第一次地下核试验已有一年多时间，对地下水的监测表明，放射性燃料和裂变产物没有被地下水携带出来。由于原有的坑道都已坍塌，核试验基地决定从另外一个方向打通一条坑道直通爆室。我带领“219 研究小组”的几位同事前往勘察，我们带着地质锤和相关工具，从头到脚按照防化兵的防护要求全副武装。基地领导严令我们到达爆心附近立即取样，然后必须尽快撤离。我们怀着强烈的激动之情和期待走向爆炸中心。

我们在手电筒光线的指引下前行，感到越接近爆心温度越高。突然，一个礼堂大小的“大厅”展现在我们面前，我们好像走进了一个光怪陆离的地下宫殿，又像走进了《西游记》里的海底龙宫。由于强大的爆炸冲击波向四周强烈挤压扩张，小小的爆室形成了一个高大的“大厅”。周围的岩壁上产生的很多裂隙，被高温高压熔融的岩浆堵住，形成了近于平行的一条条深色的玻璃状“岩脉”，“地下龙宫”被装饰得奇幻恐怖。爆心底部堆积成一座小山般的超高温熔融的岩浆经快速冷凝，形成了玻璃体，玻璃体被涌出的地下水浸泡。地下核爆炸后，爆心上方的岩石破碎坠落，爆心上方出现了一个地下的“天井”。

我们紧张地采集各类样品，依依不舍地离开这个永世难忘的“圣地”。一出坑道口，我们立即按规定全身淋浴，更换全部衣服，回到驻地。

在采集的各类样品中，我们发现多种超高温高压的冲击变质矿物，如碳化硅、金刚石等，还发现通过各种超高压矿物结构特征，可以获得温度和压力的大小与变化。根据各类熔体的化学成分，我们判断它们不溶于水，熔体所包裹的放射性物质不会被地下水携带而迁移。

中国首次圆满完成了平洞式地下核试验的全部任务，各项试验指标都得到了科学验证。

根据长期的地下水放射性监测，地下核爆炸产生的各类放射性核素至今没有被地下水携带出来。地下核爆炸产生的全部放射性核素将永远被不溶于水的玻璃体所包裹，各类放射性核素将根据各自的半衰期逐渐衰变殆尽。

科学家给孩子的12封信

第4封信

向星辰大海挺进

小行星撞击地球

· 规避小行星的撞击
· 意想不到的『福祉』
· 恐龙灭绝的罪魁祸首
· 通古斯大爆炸之谜
· 太阳系小行星

在距今2亿年至距今6500万年间，地球上曾生活着一类奇异的大型爬行动物，它们就是恐龙。强大的恐龙主宰地球长达1.3亿年，却在白垩纪晚期突然神秘地消失了，你有没有好奇过其中的原因呢？有证据表明，小行星极可能是造成恐龙灭绝的罪魁祸首。而且，小行星撞击地球有可能再次发生。我们应该重视小行星的潜在危险，正确认识小行星撞击地球的“祸”与“福”。

太阳系小行星

小行星是体积和质量都比行星小很多的固态小天体，它们和行星一样，也在不停地围绕太阳运转。太阳系中的小行星主要分布在火星与木星轨道之间的小行星带和海王星外的柯伊伯带。它们距离地球比较遥远，对地球的潜在威胁不是太大。

对地球威胁最大的是地球外围分布着的大量近地小行星。根据近期的观测与统计，近地小行星约有 18000 个，其中直径大于 1000 米的近地小行星约有 800 个，直径大于 140 米的近地小行星约有 8000 个。它们运行的轨道多种多样，撞击地球的概率比较高，撞击地球的相对速度为 15～75 千米／秒。

参加地下核试验工作的经历，使我联想到小行星撞击地球的过程及诱发地球生态系统彻底崩溃和生物灭绝事件，与核试验的相似性。原子弹和氢弹爆炸带来的最大杀伤力来自冲击波，而小行星撞击地球所带来的最大杀伤力也来自冲击波。原子弹和氢弹爆炸产生的超高温与超高压迅速压缩周围的大气，使强大的高温高压冲击波形成，冲击波在大气层中迅速扩散传播，会立即摧毁地面的各种建筑物、设施与生命，甚至诱发地震和海啸等次生灾害，与小行星撞击地球产生的后续效应相似。

小行星不仅可能撞击地球，也可能撞击月球和太阳系的其他行星，使它们的表面“伤痕累累”，留下密密麻麻的撞击坑。

根据中国科学院地理与资源研究所刘荣高研究员利用计算机检测的结果，月球表面直径大于500米的撞击坑数量约有330万个，其中直径大于5000米的撞击坑至少有6万个，直径为1000～5000米的撞击坑约有111万个；直径为500～1000米的撞击坑约有213万个；直径小于500米的撞击坑难以计

数，而直径小于几米的撞击坑则有几亿个。

月球围绕地球公转，月球以其“微弱的身躯”抵御了大量会撞上地球的小行星，月球是地球的“忠诚保卫者”。

由于长期的地球内部和外部地质动力作用，如板块运动、火山爆发、地震活动、大气层活动，以及海洋、湖泊、河流的侵蚀与沉积作用等，地球表面的地形地貌不断改变。沧海桑田，地球历史上产生的撞击坑被大量破坏与掩埋，残存的比较稀少。但是，地球表面依然被发现有 180 多个古老的撞击坑。

巴林格陨石坑位于美国亚利桑那州北部，直径 1.2 千米，深 175 米。

通古斯大爆炸之谜

在俄罗斯西伯利亚中部，有一片一望无垠、渺无人烟的荒野，这里到处是湿地和长满松树、杉树的丘陵地。这里万籁俱寂，阴森得令人不寒而栗。人们偶尔可以听到驯鹿的足蹄声，以及密密麻麻、成群结队的蚊子发出的嗡嗡声。

1908 年 6 月 30 日清晨，在西伯利亚中部的通古斯河流域，酣睡中的人们被震天动地的响声惊醒。一个燃烧着的、比太阳还亮的“怪物”，拖着冒着浓烟的、长长的“尾巴”，伴随着阵阵巨雷声，在几秒钟内从东南偏南方向向西北偏北方向高速移动，留下一道长约 800 千米的光迹，消失在地平线外。

火球在离地面 6 千米的上空爆炸，升起了一团巨大的火焰。伴随一声震天撼地的巨响，一团蘑菇状的滚滚浓烟直冲到 20 千米的高空后，降落了一阵充满石砾和灰尘的黑雨。在距爆炸地点 2250 千米的地方，人们都能听见排炮似的爆炸声，大地为之震颤。

当时，通古斯周围尘土飞扬，烟雾弥漫，云堆里火舌缭绕。灼热的气浪此起彼伏地席卷着整个浩瀚的泰加森林地区。2150平方千米面积内的6000万棵树呈扇面形从中间向四周倒伏，1500多头驯鹿在大火中化为灰烬。

熊熊的森林大火连日燃烧，爆炸后的几天里，通古斯地区方圆1.5万千米范围内的天空布满了罕见的光华闪烁的银云。日落后，夜空便发出万道霞光，北半球广大地区连续多日出现白夜现象。即使远至欧洲西部，人们竟然也能在夜间不用灯火照明看报。

据伊尔库茨克地震站的记录，通古斯大爆炸的能量相当于1500万吨TNT炸药的爆炸能量，是广岛原子弹爆炸能量的750倍左右。

人们曾多次前往通古斯进行科学考察，试图探明大爆炸的原因。1927年2月初，苏联科学院批准陨石学家列昂尼德·库利克领导考察队进行第一次通古斯大爆炸科学考察。他们发现大量的树倒伏在地上，森林已被夷为平地，所有的树枝都被剥得精光。在爆炸中心一片沼泽地周围，许多树木呈辐射状倒伏在距离坠落中心30多千米的范围内，被爆炸破坏的森林面积达2000多平方千米。他们先后在爆炸区域发现了几十个平底浅坑，以及3个与月球表面的撞击坑相似、直径90～200米的爆炸坑。有些地方的冻土被融化变成了沼泽地。

后来，意大利考察队在通古斯爆炸区域发现了一些细小的硅酸盐及磁铁矿圆玻璃珠。经过精细分析，他们发现这些圆玻璃珠富含镍和铱等铂族元素，这正是陨石成分的显著特征。

1994 年，中国学者侯泉林等对通古斯爆炸区域的样品进行了分析，也发现了铱的富集异常。根据爆炸沉积层样品的碳、氧等同位素组成的测定结果，$^{13}C/^{12}C$ 和 $^{18}O/^{16}O$ 的比值异常，具有小天体的特征。

100 多年来，解释通古斯大爆炸起因的“理论”至少有 70 多种，越来越多的研究成果支持小天体撞击说。

通古斯大爆炸导致森林尽毁。

恐龙灭绝的罪魁祸首

1954年，我在北京地质学院学习地史学。当时，地质时代主要根据古生物的物种演化而划分。地球由中生代演变到新生代的主要标志是以恐龙灭绝为代表的大批生物物种灭绝事件。物种灭绝的原因是什么？老师回答我们说：“不知道。”

1980年，美国的科学家分析了白垩系－第三系地层剖面的界线层中的各种微量元素含量，发现铂族元素和亲铁元素的含量异常高，这是陨石化学组成的特征。他们认为，在6500万年前，一颗小行星撞击地球造成了大批生物物种灭绝事件。

1982年，我的研究生周磊开始研究恐龙灭绝事件。6500万年前，中国内陆地区只有西藏拉萨地区是海洋，称为特提斯海。由于后来的喜马拉雅运动，海底抬升形成喜马拉雅山脉。周磊在拉萨附近的岗巴地区找到了海相沉积的白垩系－第三系地层剖面的界线层，通过采样、分析、测试等研究，取得了新认识，找到了小行星撞击地球诱发环境气候灾变与生物灭绝的充分证据。

例如，白垩系－第三系地层剖面的界线层中某些元素的相对比值，与地壳元素的相对比值差异极大，显示出典型的陨石物质的特征。并且，在界线层中发现了极少量的、由植物燃烧形成的炭灰。超强的冲击波使撞击区域的森林燃烧，燃烧的炭灰与撞击溅射的撞击尘埃弥漫在大气层中，并逐渐沉降到海底的界线层中。周磊还系统测定地层剖面的碳、氧同位素组成，发现界线层的碳、氧同位素组成有明显的突变。碳同位素的系统研究，表明发生过大量生物物种的死亡与灭绝。氧同位素的系统研究，表明地球被撞击后气温明显下降，年平均温度下降了 12±4℃。

根据上述科学数据，可以估算出当时撞击地球的这颗小行

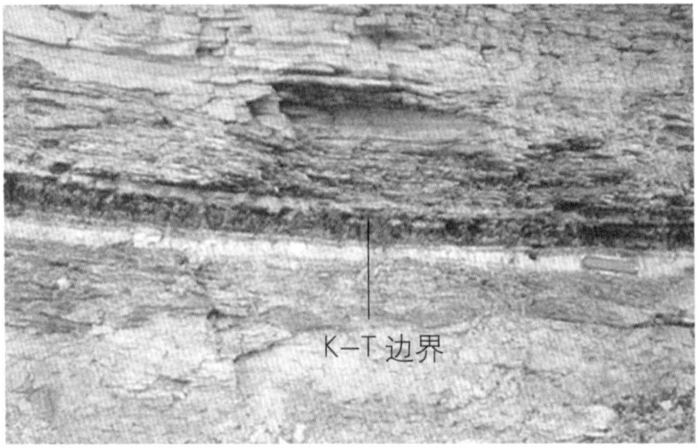

白垩系－第三系地层剖面的界线层中含有熔融状球粒。

星直径约10千米。也有一些国家的科学家相继发表了类似的研究成果。但是，关于6500万年前这颗小行星撞击在地球的什么地方，没有任何信息报道。

1978年，美国的石油地质学家在墨西哥海湾的尤卡坦半岛发现了一个巨大的撞击坑——希克苏鲁伯撞击坑。撞击坑一部分在半岛上，另外一部分在海洋里，直径约180千米。

他们通过长期的地质勘探和研究，于1990年确认希克苏鲁伯撞击坑形成于约6500万年前，在撞击坑的溅射物内发现有熔融的铁质和玻璃质的球粒，富含铂族元素和亲铁元素，熔融的撞击玻璃内携带有森林大火燃烧的灰烬。他们在撞击坑内打钻取样，证实小行星撞击后当地产生了10～11级的强烈地震，撞击还诱发了全球性巨大海啸。他们估算，这个小行星的直径约10千米，撞击产生的能量达5.0×10^{23}焦耳，相当于120万亿吨TNT炸药爆炸的能量。他们确证，造成墨西哥希克苏鲁伯撞击坑的小行星是恐龙灭绝事件的罪魁祸首。

6500万年前，100多万种生物物种在地球上滋生繁衍，呈现出欣欣向荣的景象。恐龙是当时地球上体形最大的物种，是生物界的霸主。但接下来发生的事情，造成了恐龙的灭绝。

科学家描述了这样一幅场景：一个直径约10千米的小行星突然高速冲进地球的大气层，它压缩前端的大气，形成高温

恐龙曾主宰地球
长达 1.3 亿年。

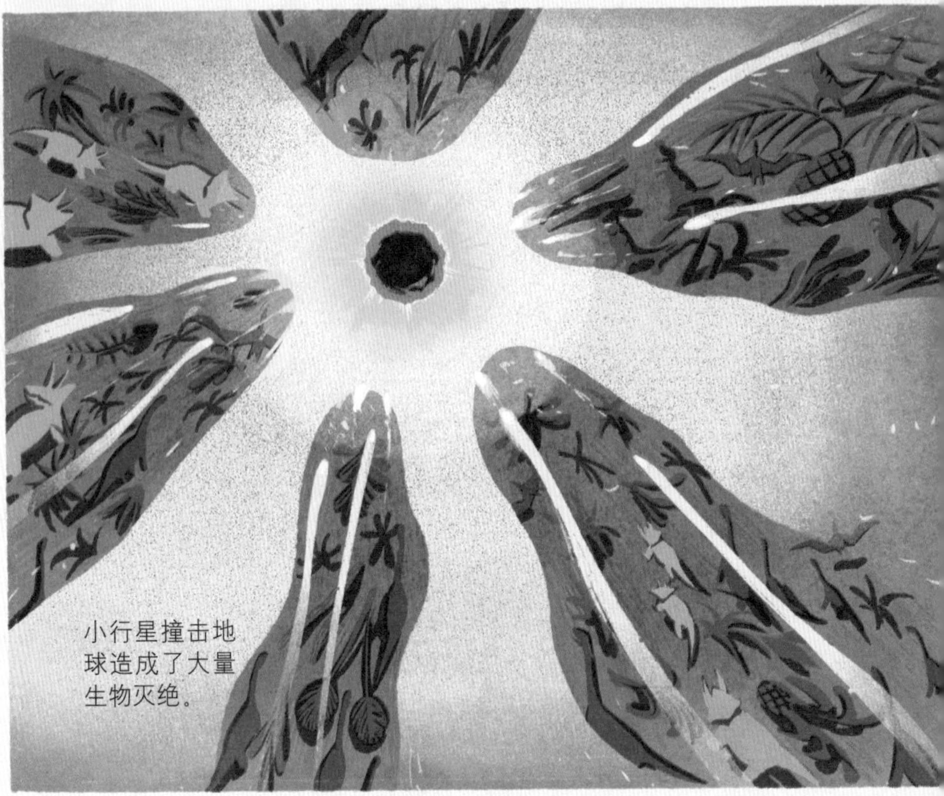
小行星撞击地
球造成了大量
生物灭绝。

只有能够适应冰期环境的生物得以幸存。

高压的强大的冲击波，并撞击地面。极高压力与极高温度的冲击波，能摧毁前进方向上的一切生命物质，使一切可燃烧的物质燃烧，引起森林大火甚至全球大火。

燃烧形成的灰烬、二氧化碳及撞击靶岩溅射的尘埃和气溶胶，弥漫于高层大气中。超高温高压的冲击波使大气中的氮气形成氧化氮，造成强酸雨的沉降，从而加速动物和植物的死亡及对地面的侵蚀。

大量的尘埃和森林燃烧的灰烬在大气层中弥散。含有高浓度的粉尘和烟尘的高层大气，屏蔽太阳光和热辐射，地面接受的太阳辐射减少 70%，地表急剧降温，海平面下降，冰雪覆盖面扩大。植物的光合作用受到抑制，大批植物死亡，以植物为食的动物因食物链中断而死亡；“黑暗的、寒冷的冬天”突然降临，新的冰期来临，生物物种加速灭绝。

超强的冲击波撞击地面和海洋，产生巨大的地震与海啸，摧残地球的生命。海洋沿岸数千千米的地区沦为汪洋一片，大量的海水蒸发，被冲击波溅射并“挖掘”出的许多海底沉积物与岩石粉尘，抛射到平流层中滞留，海洋中大量生物死亡。

此后，地球经历漫长的生态重建，随着温室效应的加剧，气温升高，海平面上升，气候逐渐恢复正常。某些生物种属复苏，大批新的物种滋生繁衍，地球又恢复了蓬勃生机。

意想不到的“福祉”

任何一件事情有负面作用的同时，往往也会带来正面影响，小行星也会给人类带来一些福祉。

18.5 亿年前，一个小行星撞击加拿大地区，造成直径 100 多千米的萨德贝里大撞击坑。这个撞击坑的里面和周围形成了全世界最大的铜矿、镍矿和铂金族元素矿的矿区，对促进加拿大的经济发展发挥了长期的重要作用。

南非是盛产黄金和钻石的国家，这也与小行星有着密不可分的关系。小行星撞击后产生的撞击断裂带，为深部含矿的岩浆热液上升提供了通道，会形成许多大型的金矿床。同时，撞击断裂带还诱发深部岩浆喷发，形成大量的金伯利型的金刚石矿。南非几乎所有的黄金矿和钻石矿都分布在撞击坑周围。

俄罗斯发现的位于西伯利亚雅库梯地区的撞击坑，是一个 70 万年前由于小行星撞击而形成的撞击坑。由于受撞击的地层中含有很多碳，撞击产生的高温和高压使碳转变成了钻石，现在他们已经开始在那里开采钻石矿了。俄罗斯科学家估计，这些钻石可供全世界使用约 300 年。

俄罗斯西伯利亚雅库梯撞击坑金刚石矿

正在露天开采的雅库梯撞击坑金刚石矿

雅库梯撞击坑产出的金刚石

有些地球表面的撞击坑逐渐形成了湖泊；有些撞击坑经历漫长的地质历史演变，成为可供开采的煤矿、磷灰石矿和油气盆地等；还有些撞击坑成为秀丽的风景区。加拿大的一个撞击坑已成为很大的天然蓄水库。还有些国家在撞击坑附近建设科普馆，将撞击坑开发成旅游和科普教育基地。

小行星的开发利用前景也十分可观。如小行星带中的灵神星，距离地球 3.7 亿千米，主要成分是铁、镍、黄金、铂和铜，矿产资源价值 1000 亿亿美元。灵神星还有水资源，可能成为人类移民火星的“资源中途站”。2023 年 10 月 13 日，以灵神星为探测目标的“灵神号”探测器已成功发射，预计于 2029～2030 年抵达小行星附近。

还有科学家设想能不能“抓”一个小行星来，让它就在月球的轨道运行，以便于我们开发开采。一个直径 1 千米、重量 20 亿吨的 M 型小行星，就可开采出 3000 万吨镍、150 万吨钴和 7500 吨铂金。

正如老子所说的“祸兮福之所倚，福兮祸之所伏”，事物有两面性，我们要辩证地分析和看待。

规避小行星的撞击

你可能有些担心，小行星以后还会不会撞击地球？我认为会！这是自然现象，关键是人类该如何规避这种撞击。

我参加过一次“人类紧急状态会议”，其中有一项议题就是“规避小行星撞击地球”。现在全世界的科学家正联合监测小行星，实施了全球联网监测、早期发现预警等措施。各国建立了小行星观测数据库，提前了解具有潜在威胁的小行星的轨道参数等，取得了一系列的重要成果。科学家们在夏威夷建设了“全景巡天望远镜和快速反应系统（Pan-STARRS）”，这是由多台天文望远镜组成的小行星观测网络，可搜索环绕太阳运行并有可能撞击地球的危险小天体，现已投入使用。望远镜已经发现了一些小天体，如 2017 年观测到第一颗经过太阳系的星际天体奥陌陌星。

经过缜密的研究与可行性评估，科学家提出了以下几种规避小行星撞击地球危害的方案。

第一，发射人造探测器撞击小天体，使小行星改变轨道，从而与地球擦肩而过。第二，发射人造探测器，把它调整到与小行星平行的轨道，并使两者的相对速度为零，然后用机械力推动小行星，使其改变轨道。第三，在小行星体表面安装一台大型火箭发动机或一个“太阳帆”，把小行星从撞击地球的轨道上推开。第四，改变小行星表面颜色，以改变其反照率和吸热率，使小行星自行改变轨道。第五，用核装置直接炸毁小行星，以减小其撞击地球的危害性等。

美国国家航空航天局于 2021 年 11 月实施了“双小行星重定向测试任务（DART）”，具体来说，是用一个重达 610 千克的探测器撞击一颗近地小行星，以测试航天器撞击是否能成功使即将撞击地球的小行星偏离原轨道。

2021 年 11 月 24 日，DART 探测器成功发射，随后开始逐渐接近名为“迪蒂莫斯（Didymos）”的双小行星系统。这个双小行星系统中，大的小行星“迪蒂莫斯”直径约 800 米；小的小行星“迪莫弗斯（Dimorphos）”又称“迪蒂莫斯小行星的卫星”，直径约 150 米。探测器撞击的目标是“迪莫弗斯”，迫使它改变航向。这项技术未来或许将帮助人类规避小天体撞击地球的风险。

在 DART 探测器以 2.5 万千米 / 小时的速度碰撞“迪莫

弗斯”之前，探测器释放了一个鞋盒大小的相机，这个相机能观察记录探测器撞向小行星的过程。

2022 年 9 月 26 日，探测器在距离地面约 1100 万千米的太空区域，成功与目标小行星相撞，使“迪莫弗斯”的轨道周期缩短了 32 分钟，这次任务取得了成功。

随着当代科学技术的发展，人类完全有智慧和能力防御小天体撞击地球事件的发生，保护地球的万物生灵。

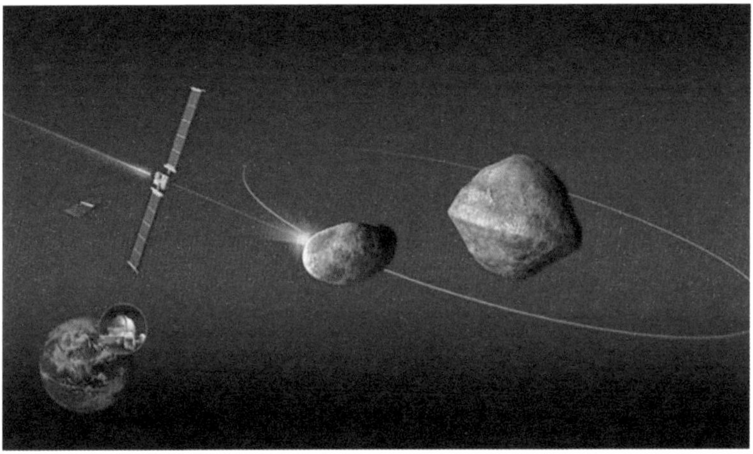

美国实施“双小行星重定向测试任务”。

科学家给孩子的12封信

第5封信

向星辰大海挺进

月球探测高潮

- 载人登月真相大白
- 对载人登月的质疑
- 『阿波罗』载人登月
- 第一次月球探测高潮

一次科普讲座时，有位小朋友对我说：“我很羡慕欧阳爷爷亲手接触过‘阿波罗 17 号’飞船带回的月球岩石，但有人说美国当年并没有真的登月。那您研究过的那一小块石头到底是不是真的呢？”你是否也有这样的疑问？怀疑美国登月真实性的人可不少呢。我可以肯定地说，“阿波罗计划”不是谎言，美国航天员确实登陆过月球表面，这是人类第一次探月高潮中重要的成就。

第一次月球探测高潮

1957 年，苏联成功发射了世界第一颗人造地球卫星，拉开了人类空间时代的帷幕。从 1958 年开始，美国、苏联两个超级大国为了空间霸权的争夺和“冷战”的需要，在月球探测与载人登月领域展开了激烈的竞争。

美国、苏联两国于 1960 年开展火星探测。1961 年，苏联航天员加加林驾驶“东方 1 号”飞船绕地球一周，首次实现了人类遨游太空的愿望。1969 年 7 月 16 日，美国航天员尼尔 · 阿姆斯特朗和巴兹 · 奥尔德林乘“阿波罗 11 号”登月舱

太空名片

尤里 · 阿列克谢耶维奇 · 加加林

1934 ~ 1968 年

国籍：苏联

职业：航天员、飞行员

成就：完成人类首次太空飞行

实现了人类首次登陆月球，他们开展了月球科学考察，并采集28千克月球土壤和岩石样品返回地球。美国共成功实施了6次载人登月，12名美国航天员登陆过月球。苏联由于重型火箭试验屡屡失败，无法实施载人登月，在这场竞争中彻底失败，空间霸权由美国独揽。

1958～1976年，在由美国、苏联两国掀起的人类第一次月球探测高潮中，两国一共发射了108次月球探测器，成功65次，失败43次，成功率约60%，实现了飞越、环月、着陆器或月球车落月探测、无人与载人登月取样返回。

1958～1976年，苏联共发射了59次月球探测器，成功31次。“月球1号”是人类第一个抵达近月空间的探测器，发射于1959年1月。“月球2号”于1959年9月撞击月球表面，是第一个在月球表面硬着陆的月球探测器。“月球3号”于1959年10月飞过月球背面，是第一个拍到月球背面并发回图像资料的月球探测器。

苏联“月球9号”于1966年2月降落月球，是第一个在月球表面软着陆的探测器。“月球10号”于1966年4月进入环绕月球的轨道，成为第一颗人造月球卫星。“月球17号”是载着第一辆自动月球车软着陆月面的探测器，它携带的“月球车1号”在月球上行驶了10.54千米，进行了10个多月的月面考察，拍摄了约200幅月球全景照片。1970年9月发射的“月球16号”实现了世界首次无人月球探测器的软着陆加采样返回。之后，“月球20号”“月球24号”分别于1972年2月和1976年8月软着陆月面丰富海，分别钻采并带回50克月表土壤和130克岩石碎块样品。

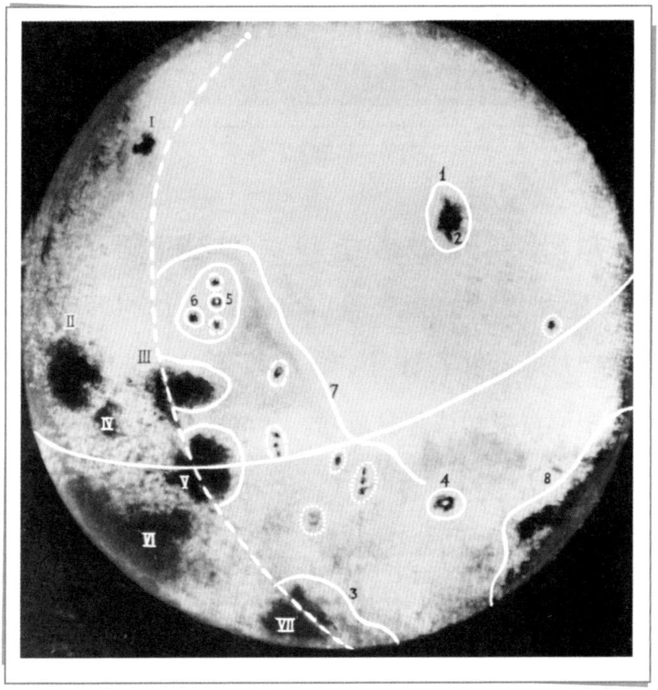

苏联“月球3号”探测器拍摄的月球图片，画面中的虚线示意月球正面和背面的界限，面积大的部分是我们在地球上看不到的月球背面。

苏联“月球车 1 号”

同一时期，美国共发射了 49 次月球探测器（包括载人登月的登月舱和返回的指令舱），成功 34 次。1958～1965 年，美国先后向月球发射了 16 个“徘徊者号”“先驱者号”探测器，其中有 5 个取得成功或部分成功。1966～1968 年，美国发射了 7 个“勘测者号”探测器和 5 个“月球轨道飞行器”，对月面进行探测，选出 10 个可供“阿波罗号”飞船着陆的候选登月点。1969 年 7 月，“阿波罗 11 号”成功降落在月球静海，美国一共实现了 6 次载人登月。

“阿波罗”载人登月

苏联在月球探测竞赛初期具有领先优势。为了击败苏联，1961 年，时任美国总统约翰 · 肯尼迪提出要在 20 世纪 60 年代的 10 年内，将美国航天员送上月球。

在实施载人登月之前，美国先发射了月球探测器开展系统的探测活动，进行了载人环绕月球飞行和登月舱着陆试验，加速研制“土星 5 号”大推力火箭和“阿波罗号”载人飞船，为载人登月做了充分的科学、技术与工程上的准备。

“阿波罗号”飞船由登月舱、服务舱和指令舱三个舱段构成。登月舱是实际着陆月球的部分。服务舱和指令舱负责把登月舱送到月球附近，然后接回登月舱的上升级，把它送回地球。服务舱里装着太空机动用的火箭发动机。指令舱则是太空飞行期间航天员居住、工作的场所，登月期间有一名航天员在此留守。

登月舱分为上升级和下降级。上升级里装着航天员座舱、通信指挥设备、存放月壤和月岩样品的容器，还有用于离开月球的火箭等。由于火箭推力有限，为了把尽可能多的样品带回地球，登月舱里面连座位都没有，两名航天员只能站着。下降级里也有火箭发动机，还有姿态控制设备和支腿，负责带着上升级降落到月球上。

“阿波罗号”飞船实际回到地球的只有指令舱。登月舱上升级起飞后，在绕月球飞行的轨道上再次与指令舱对接。两名登月航天员带着样品回到指令舱，然后服务舱推动着指令舱和服务舱组合体飞回地球轨道。当再入大气层时，指令舱和服务舱分离，指令舱利用降落伞回到地球，降落在海洋里。

1969 年 7 月 16 日，“阿波罗 11 号”点火升空，历时 5 天，登月舱于北京时间 7 月 21 日 4 时 17 分在月球静海地区着陆，

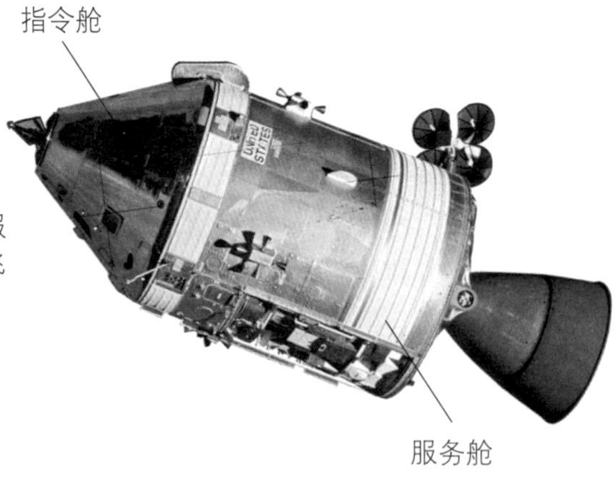

“阿波罗号”飞船的服务舱和指令舱在太空飞行中一直连接在一起。

太空名片

尼尔·阿姆斯特朗

1930～2012 年

国籍：美国

职业：航天员、飞行员

成就：第一个登上月球的人

航天员阿姆斯特朗和奥尔德林相继踏上月球表面，开创了人类历史上首次登陆地球以外的另一个天体的新纪元。

阿姆斯特朗登上月球时的那句话——“这是我个人迈出的一小步，却是人类的一大步”，成为传颂至今的名言。

1969～1972 年，“阿波罗 11 号”“阿波罗 12 号”“阿波罗 14 号”“阿波罗 15 号”“阿波罗 16 号”和“阿波罗 17 号”都成功实现了载人登月，航天员安全返回地球。6 次载人登月实现了 12 名美国航天员登陆月球，此后过了 50 多年，时至今日，仍然没有其他国家的航天员登陆过月球。

“阿波罗”载人登月一共采集月球土壤和岩石样品 381.7 千克，在后“阿波罗”时期，全世界相关领域的科学家对“阿波罗”月球样品进行了深入和系统的研究，在每年召开的全球性“月球与行星科学讨论会”上，科学家会围绕数百篇研究论

我们决定登月。
“土星 5 号”
运载火箭
这是全人类的一大步！
月球样本

文进行交流。每年有数百篇各类期刊文章报道月球探测的新成果。月球样品的分析测试技术水平得到了前所未有的提高，新的分析测试技术和仪器不断涌现，也推动了相关学科的不断进步。

“阿波罗”计划的实施，大大促进了人类对月球的表面环境、地形地貌、地质构造、化学组成与岩石类型、内部结构、资源的开发利用前景以及月球和地月系的起源与演化等形成比较完整而系统的认识，对月球科学新体系的构建起了不可替代的重大作用。

“阿波罗”计划的工程总投资约254亿美元，若把物价上涨因素考虑在内，这笔资金在2005年相当于1360亿美元，是当时投资规模最大的巨型科学工程。参加“阿波罗”计划的有2万多家企业、200多所大学、80多个研究机构，前后参与研制工作的总人数超过40万。

“阿波罗”计划突破了大量的关键技术，将人类的航天技术水平推上了前所未有的高度，推动20世纪60～70年代产生了与液体燃料火箭、微波雷达、无线电制导、合成材料、计算机等相关的一大批高科技工业群体。

“阿波罗”计划派生出了约3000种应用技术成果，涉及航天航空、军事、通信、材料、医疗卫生、计算机和其他民用科技等众多领域，后来美国又将这个计划中取得的技术进步成果向民用领域转移，带动了工业的整体繁荣，其二次开发应用所产生的效益，远远超过“阿波罗”计划本身直接带来的经济效益与社会效益。据测算，美国“阿波罗”计划的投入产出比为1∶14。

“阿波罗”计划是人类历史上一项规模巨大、涉及领域广泛、引领科技发展、推动产业繁荣、提高管理科学水平、培养科技人才队伍的科学工程，也集中表现了人类敢于探索、不畏艰险、勇于攀登的科学精神，是人类的一项壮举。

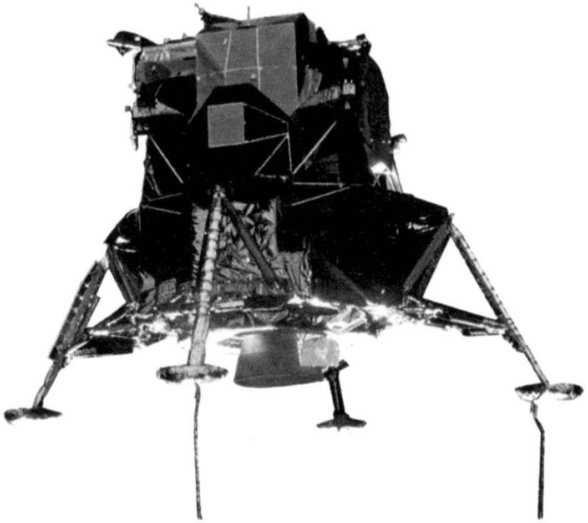

“阿波罗号”飞船登月舱

对载人登月的质疑

自“阿波罗 11 号”的两名美国航天员登上月球以来，质疑“阿波罗”载人登月的“阴谋论”声音就广为流传，乃至甚嚣尘上。

“阴谋论”列举了大量的“证据”，认为“阿波罗 11 号”登月事件纯属弥天大谎，完全是美国国家航空航天局的阴谋；“阿波罗 11 号”飞船中的航天员从未登陆月球，航天员登陆月

《我们从未到过月球》一书开启了此后几十年的登月“阴谋论”。

球的照片是在美国内华达州沙漠中被称为“梦幻之地”的军事禁区“51 区”拍摄的，还有些照片是在摄影棚中拍摄伪造的。美国人比尔·凯信出版了一本书《我们从未到过月球》，列举了大量的怀疑论调。通过媒体的炒作，1979 年约 6% 的美国公众相信“阴谋论”，1999 年这一比例达到了 11%，如今竟然上升到 22%（约 6000 万人）。随着“阴谋论”在网络上传播，各国的“信徒”也愈来愈多，已近 2 亿人。

“阿波罗”登月“阴谋论”的提出者称，在“仔细鉴定”美国国家航空航天局公布的登月录像和照片后，发现了许多无法解释，甚至自相矛盾的漏洞，典型的“论据”有：月球表面属于真空环境，为什么登月航天员插在月面上的美国国旗却“迎风招展”；月球白昼的天空是漆黑的，星星却是闪亮的，为什么 20 多万张探月照片中却见不到一颗星星；月球表面只有一个光源——太阳，为什么有时航天员有两个阴影；航天员在月球表面行走的脚印，不可能如此清晰；2007 年日本发射的“月亮女神号”月球探测器在经过“阿波罗 15 号”和“阿波罗 17 号”着陆区的上空时，没有发现它们遗留在月面上的月球车和着陆器，也没有发现任何人为活动的痕迹……

在一次国际月球科学学术讨论会上，我与美国国家航空航天局的官员交谈，我说：“现在在网络上有越来越多的人对美

“漆黑的天空中为什么没有星光？”

“美国航天员在月球上留下的脚印为什么如此清晰？”

国载人登月提出质疑，认为‘阿波罗’载人登月完全是一个弥天大谎，是一场惊世的骗局，你们应该做出一些解释。”

他们却回答说：“我们不予理睬！”

我说：“对于每一条质疑，我都只要一分钟就可以说清楚。你们不予理睬，人们就以为你们做贼心虚不敢回答”。

他们理直气壮地说：“我们就是不予理睬！我们一直在陈述事实。”

“阿波罗”载人登月“阴谋论”的制造者在制造另一个“阴谋”，他们不断提出一些似是而非的“论据”，制造一轮又一轮跌宕起伏的传播高潮，吊着公众的胃口，引发公众对科学的兴趣，让公众在时隔50多年之后的今天仍热度不减地关注“阿波罗”载人登月。

实际上，美国制造了一场世界科学史上参与人数最多（约2亿人）、持续时间最长（约50年）、争论最激烈、完全自发的科普运动，让广大公众关注美国的科学进步，从而提高公众的科学判断能力。也许他们是以一种巧妙的方式长久地宣传美国载人登月的伟大成就。

载人登月真相大白

2009年，距离“阿波罗11号”载人登月已经40年，美国发射的“月球勘测轨道器”探测器绕月飞行，途经历次“阿波罗”载人登月的着陆区。探测器上的高分辨率相机拍摄到历次“阿波罗”载人登月着陆区的“遗址”，清晰地再现了昔日的情景。

“阿波罗11号”载人登月舱着陆在静海黑色玄武岩广泛分布的平原地区，照片中清晰显示出登陆舱的位置，以及航天员行走的路线。

航天员在月面工作2小时10分钟，采集月球样品28千克。航天员行走时鞋底部的土壤被带出来，与月球表面的土壤颜色有差异。由于月球表面属于超高真空环境，没有任何天气变化，航天员行走的小路将能够保存数百年。

“阿波罗14号”的着陆区照片中，显示出“阿波罗14号”的登月舱着陆位置、登月舱阴影、航天员携带仪器行走的路径，以及仪器埋设的位置。在这次任务中，航天员在月面工作

9 小时 29 分钟，采集月球样品 42 千克。

1971 年，“阿波罗 15 号”航天员在月面乘坐“巡行者 1 号”月球车由着陆位置开始行走，行程 27 千米，采集月球样品 77 千克，并进行科学考察，最后把月球车遗弃在当地。2009 年拍摄的照片也重现了当时的现场。

“阿波罗 16 号”着陆区位置和“阿波罗 17 号”着陆区位置的照片显示出登月舱的准确位置，以及插国旗的位置与国旗的阴影。“巡行者 2 号”“巡行者 3 号”月球车的行走路径分别长 27.1 千米和 36 千米，采集样品分别重 96 千克和 105 千克。

“阿波罗 15 号”航天员乘坐“巡行者 1 号”月球车。

2009年照片中航天员的月球车行走路径，与当时媒体的报道完全一致。

1978年，中国对“阿波罗17号”的岩石样品做过系统性研究，发表了14篇研究论文。人类对“阿波罗”月球样品的研究不断涌现出新的成果。事实胜于雄辩，“阿波罗”载人登月是一场“惊世骗局”的论调可以休矣！

科学家给孩子的12封信

第6封信

向星辰大海挺进

中国探月工程

- 『嫦娥三号』落月探测
- 『嫦娥二号』绕月探测
- 『嫦娥一号』绕月探测
- 10年的科学论证
- 35年的科学研究储备

你知道嫦娥奔月的故事吗？你对月宫有着怎样的想象？在像你这么大的时候，我常常在洒满月光的小院里，想象着月宫里的场景。长大后，带着儿时的美好愿望，我们将“嫦娥”探测器送到了向往已久的月球身边。2004 年“嫦娥一号”立项以来，中国成功实施了无人月球探测阶段的绕月探测、落月探测和取样返回。

35 年的科学研究储备

中国要进入空间时代，首先要具备进入空间的技术和能力。在新中国成立不久，百废待兴、一穷二白的条件下，中国目标明确、意志坚定、排除万难组织各方面优秀力量突破关键技术，研制火箭、导弹、卫星、航天器及相应的测控通信技术，进行发射场的建设与应用等。中国的卫星研制与应用和中国载人航天工程的实施，取得了一系列突破性成就，中国进入了世界空间大国的行列。

我们是这个宏大队伍中的一支小分队，负责研究和设计月球科学探测目标，探测数据接收、处理和解释等。

1958 年，正是世界第一次探月高潮开始的一年。探月研究为人类空间时代开辟了一个新的方向，也是人类推动科学技术进步和社会经济发展的重要途径。为了吸取先行国家的经验与教训，我们要密切结合国情，思考中国开展月球探测的目标、途径、步骤和方法。

一方面我们研究苏联和美国月球探测的规划思路、实施方案、技术水平与能力、探测成果及其意义。另一方面，我们必须建立相关的研究实验室，配置相关的仪器设备；我们必须尽快培养一支知识基础坚实、实验技术娴熟、团结协作的研究和实验队伍。

我们开始系统研究在国内以及南极地区收集的陨石和宇宙尘，研究“阿波罗 17 号”月球岩石样品，开展小行星撞击地球诱发生态环境灾变与生物灭绝事件研究。我们发表了 300 多篇研究论文，出版了《核转变能与地球物质的演化》《天体化学》《小天体撞击与古环境灾变：新生代六次撞击事件的研究》《恐龙绝灭之谜》《行星地球的形成与演化》《月球探秘》《永远的月球梦》《空间化学》《中国探月不是梦》等著作。

1992 年，国家批准实施中国载人航天工程，表明中国开展月球探测的条件正在加快形成，这让我们受到极大的鼓舞和激励。当时我们从事月球探测的科学研究队伍已经成长了起来，绝大多数人员经过研究生独立工作的培养训练，能独当一面。正在建立的相关实验室初具规模，再与国内研究所和大专院校的特色实验室合作，可以形成一个联合体，有能力承担今后的各项研究实验任务。万事开头难，我们的科学研究储备历经了 35 年光阴。

10年的科学论证

1993年，国家“863评审专家组”同意开展中国月球探测的系统论证。经过一年多的努力，我们向“863评审专家组”提交了《中国开展月球探测的必要性与可行性研究》。“863评审专家组”完全同意报告的分析研究内容和结论，认为中国开展月球探测非常有必要，完全有可能，具有切实的可行性。

我们得到“863项目课题组”和中国科学院新技术局的大力支持，经过两年多的研究，我们按要求提交了第二份报告《中国开展月球探测的发展战略与长远规划研究》。

我们提出，中国的月球探测划分为三个阶段：第一阶段为“无人（不载人）月球探测”，第二阶段为“载人登月”，第三阶段为“建设月球基地，开发利用月球环境与资源”。第一阶段“无人月球探测”又划分为绕月探测、落月探测和取样返回，即“绕、落、回”三期。

“863评审专家组”要求我们第三步论证的题目是“中国首

次月球探测的科学目标与有效载荷配置”，首次月球探测是发射一颗月球探测卫星进行绕月探测，对月球开展全球性与综合性探测。经过两年多的时间，我们终于提出了一个先进的、有创新性的科学目标，并得到评审组的认同和支持。

我们还提出，今后中国开展的每一次月球探测的科学目标，必须做到：凡是别的国家做过的科学内容，中国不但必须要做，还一定要比别的国家做得更好，让全世界用中国的探测成果。每一次月球探测的科学目标中，必须要有1～2项是别的国家没有做过的，具有重大开创性与关键性的重大科学内容。

艰难的科学论证经历了整整10年。2003年，国防科工委组织全国航天领域的相关专家，编写《中国首次月球探测立项报告》及相关附件。国防科工委立即预先启动项目并组织中国月球探测工程总体的领导成员组，任命栾恩杰为工程总指挥，孙家栋为工程总设计师，我为工程科学应用首席科学家。

2004年1月23日，国务院批准我国月球探测工程立项实施，总经费14亿元人民币。国务院领导批示：“绕月探测工程是一项复杂的多学科高技术集成的系统工程。要统筹兼顾，合理确定科学和工程目标；充分调动和整合各方面科研资源，加大重大关键技术攻关力度。各部门要精心组织，团结协作，高标准、高质量、高效率地完成绕月探测工程任务。”

“嫦娥一号”绕月探测

中国首次月球探测的任务是研制和发射第一个月球探测器——月球探测卫星，主要对月球进行全球性、整体性与综合性的探测，对月球表面的地貌、地形、地质构造、环境与物理场进行首次探测，对有开发利用前景的月球能源和资源的分布与规律开展研究。

“嫦娥一号”的工程目标是突破月球探测基本技术；研制和发射中国第一个月球探测器；初步构建月球探测卫星航天工程系统；为月球探测后续工程积累经验，培养人才队伍。

“嫦娥一号”的科学目标是获取月球表面三维影像；分析测定月球 14 种元素、矿物和物质类型的含量与分布；探测月壤厚度与分布，估算月壤中氦 -3 资源总量；探测距离地球 4 万～40 万千米的地 - 月空间环境。

2007 年 10 月 24 日，“嫦娥一号”在西昌卫星发射中心成功发射升空。火箭冲破长空，“扶摇直上九天”，消失在遥远的云层里。“嫦娥一号”在测控系统的精确控制下以 16 小时一周的地球轨道运行，再调整为 24 小时一周和 48 小时一周的地球轨道不断加速运行。此后，“嫦娥一号”奔向地 - 月转移轨道，向月球进发。

“嫦娥一号”经历了 13 天 14 小时 19 分的运行，行程 206 万千米，到达月球附近。当时，我们齐聚在北京测控大厅，静候决定成败的关键时刻的到来。突然，大厅的扩音器里传出坚定而激动的声音：“‘嫦娥一号’被月球‘抓住’了，已经绕月球飞行！”全场立刻掌声雷动。

我在孙家栋的耳边轻轻地说：“请测控系统再核查一次吧！”他点头同意，测控系统立即复查“嫦娥一号”的运行情况。经过几分钟的寂静与焦急的等候，大厅的扩音器又响起了坚定而豪迈的声音：“报告！经反复核查，‘嫦娥一号’正在环绕月球的椭圆轨道运行。”大厅里又响起了掌声，我和孙家栋激动得泪流满面，紧紧相拥。当时，中央电视台要采访我，问我此时此刻的感受，我的脑海里只有“嫦娥一号”环绕月球飞行的画面，我泣不成声地说：“绕起来啦！绕起来啦！绕起来啦……”

测控系统不断地精确调整“嫦娥一号”的运行轨道。根据科学探测的要求，运行轨道应被调整到距离月面 200 千米的正

“嫦娥一号”终于绕月飞行。
请再核查一次吧！
好的！
报告！经反复核查，“嫦娥一号”正在环绕月球的椭圆轨道运行！
绕起来啦……绕起来啦！

圆极轨轨道，也就是轨道应为通过月球南极、北极两个极区的圆形轨道。进入正圆极轨轨道意味着“嫦娥一号”与月面距离稳定不变，探测数据避免了因距离不同产生的距离校正；通过南极区和北极区，探测的轨道平面是直立的，月球在轨道内自转，全月面都可被完全覆盖。

“嫦娥一号”成功实施，中国突破了大量关键技术，降低了成本，扩大了市场，建立了深空探测的工程体系和基础设施，培养了大批年轻的科学技术骨干，圆满完成了工程目标和科学目标。

根据科学目标的要求，“嫦娥一号”绕月运行 16 个月，圆满完成了全部科学探测任务，取得了海量的探测数据，提供给中国（包括港澳台）52 所高校、21 个研究院所进行分析和研究。第二年，全部数据“上网”供全世界科学家使用。据中国各研究院所和大专院校的初步统计，共有 300 多篇有关“嫦娥一号”的研究论文在学术期刊上发表。

中国是国际上最早探测月球月壤层核聚变能源燃料氦 -3 资源的国家之一。“嫦娥一号”携带的微波辐射计，探测了月球表面的亮度与温度，反演出月球表面月壤层的厚度与分布。月壤层的微细颗粒吸附太阳风中的氦 -3 粒子，我们可以计算月壤层中吸附的氦 -3 粒子的含量、分布与资源总量。我们初步计算出月球表面的月壤层蕴藏的氦-3资源总量为103万~129万吨。如果氘和氦-3核聚变发电在未来得以实现，月壤层中的氦-3资源，足够满足人类社会未来发展约1万年的能源需求。

“嫦娥一号”执行完成全部科学探测任务之后，由于没有携带足够的燃料，将长期绕月飞行，直至最终坠落到月球表面。为了试验探测器主动撞击月面技术，并获得降落过程中拍摄近距离月面形貌图像，工程总体决定探测器主动撞击月面。2009年3月1日16时13分10秒，“嫦娥一号”发回近距离月表图像后，撞击在丰富海指定位置。

“嫦娥一号”绘制的全月面土壤中氦-3资源的含量与分布图

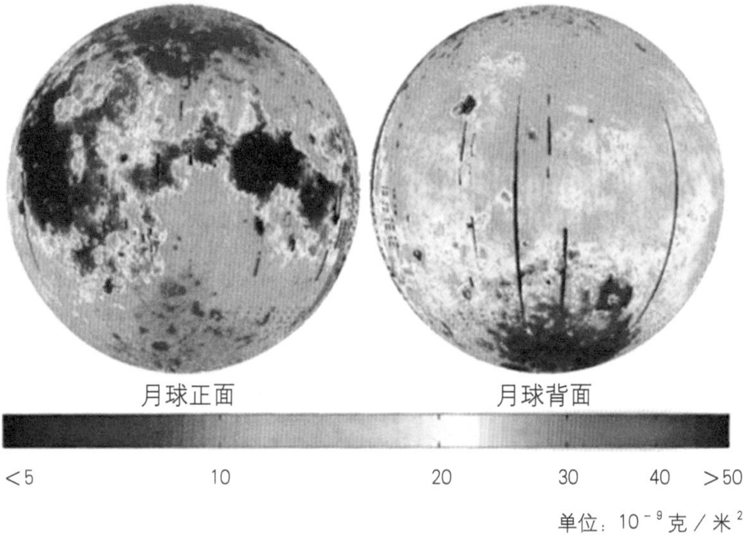

"嫦娥二号"绕月探测

"嫦娥二号"是"嫦娥一号"的备份星，它们就像一对双胞胎姐妹，"长"得几乎一模一样。它们都是2.22米×1.72米×2.2米的六面体，两侧各装有一个展开式太阳电池翼，翼展最大跨度为18米，总重量为2350千克。

"嫦娥二号"比"嫦娥一号"在许多方面都更先进。"嫦娥二号"环月轨道高度为100千米，比"嫦娥一号"距月面近了100千米。"嫦娥二号"获取的全月图分辨率为7米，而"嫦娥一号"获取的全月图分辨率为120米。"嫦娥二号"还数次降入100千米×15千米轨道，获得了月球虹湾局部地区分辨率约为1米的立体图像，可以看到直径约4米的月坑和直径约3米的石块。

"嫦娥二号"于2010年10月1日发射 。我们对"嫦娥二号"实施了一系列技术改进试验，"嫦娥二号"被发射后直接进入地－月转移轨道，运行不到5天，减速后被月球"俘获"

进入环月轨道。测控系统精细调整轨道，“嫦娥二号”进入距离月面100千米的极轨圆形轨道，开展各项科学探测。

“嫦娥二号”三线阵立体相机获取的月球地形探测数据约800GB，编制出分辨率7米全月球影像图，这是迄今全世界分辨率最高、应用最广泛的全月球影像图。“嫦娥二号”还获取了雨海虹湾地区1米分辨率的影像图，为此后发射的“嫦娥三号”的安全着陆提供了超精确的地形地貌基础数据与图像。

“嫦娥二号”获取了月球表面元素的含量与分

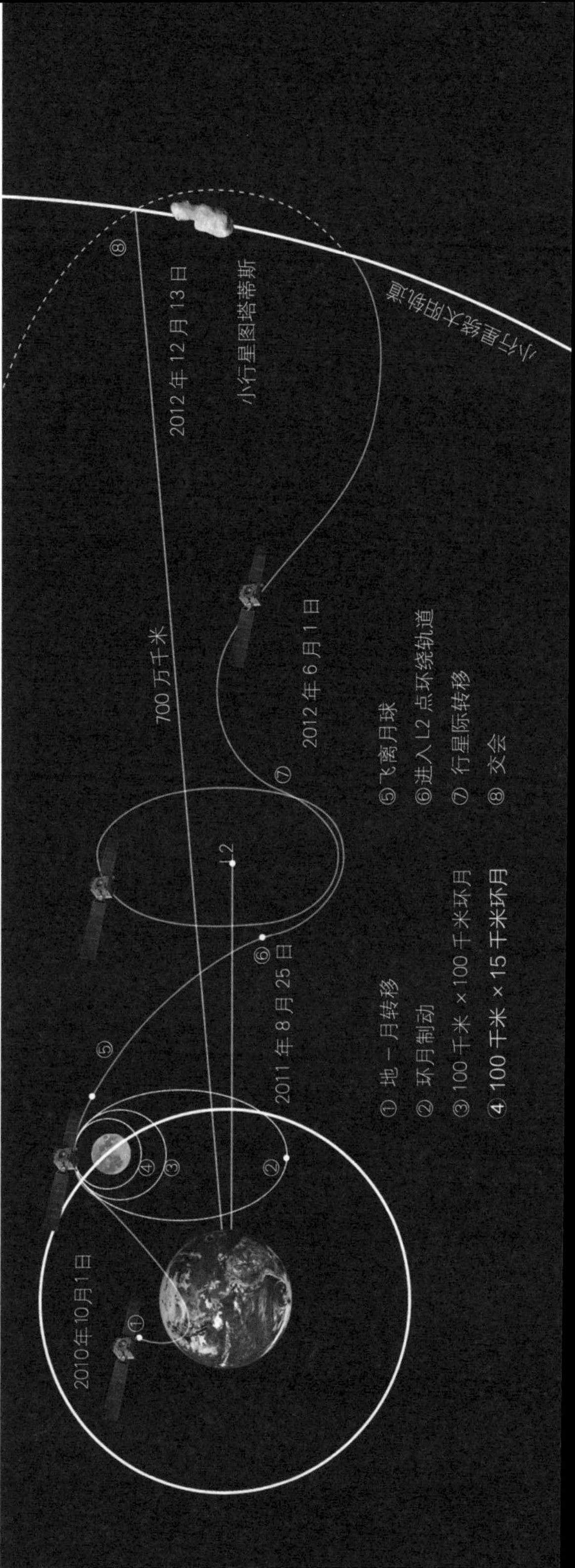

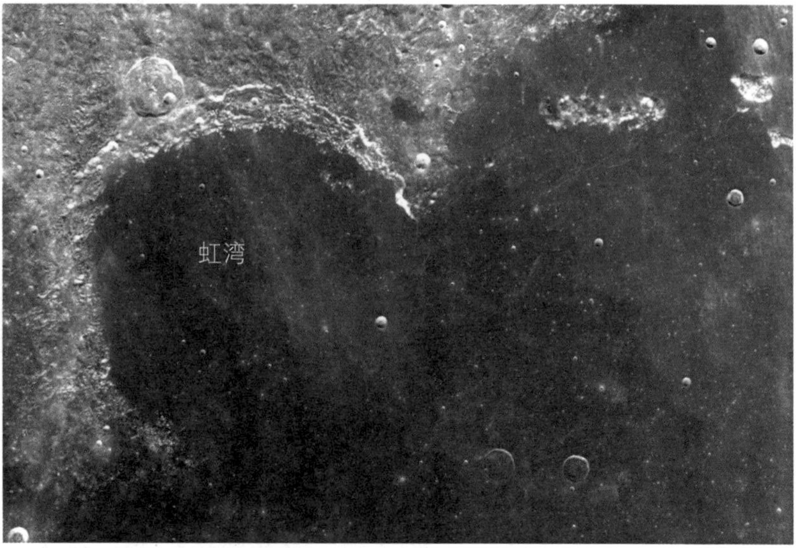

“嫦娥二号”拍摄的月球虹湾地区影像图

布数据、全月球月壤层的厚度与分布数据，对地－月空间环境进行了探测，取得了前所未有的科学探测数据与成果。

之后，“嫦娥二号”飞往日－地拉格朗日 L2 动态平衡点，连续探测太阳活动 235 天，积累了关于太阳活动的系统科学观测资料。

“嫦娥二号”还实现了中国首次小行星交会探测，对近地小行星图塔蒂斯进行交会探测。二者之间最近距离为 870 米，探测器获取图像最高分辨率为 10 米，探测了小行星的形状、大小、表面特征与结构等，取得了系统的探测成果。

“嫦娥二号”现已经成为一颗环绕太阳运行的人造小天体，进入浩瀚的太阳系空间遨游。根据对“嫦娥二号”运行轨道的估算，大约在2029年“嫦娥二号”将回到地球附近。祝福“嫦娥二号”一路平安！再相会时，我们听“她”诉说一路的美景、奇遇、惊险与欢快。

小行星图塔蒂斯

“嫦娥三号”落月探测

根据中国月球探测发展战略与实施计划，“嫦娥三号”与“嫦娥四号”承担落月探测任务，“嫦娥三号”着陆月球正面，“嫦娥四号”着陆月球背面。

“嫦娥三号”利用“着陆腿”实现月面软着陆，着陆器携带月球车着陆在月球表面预选的着陆区。月球车从着陆器安装

“嫦娥三号”着陆器

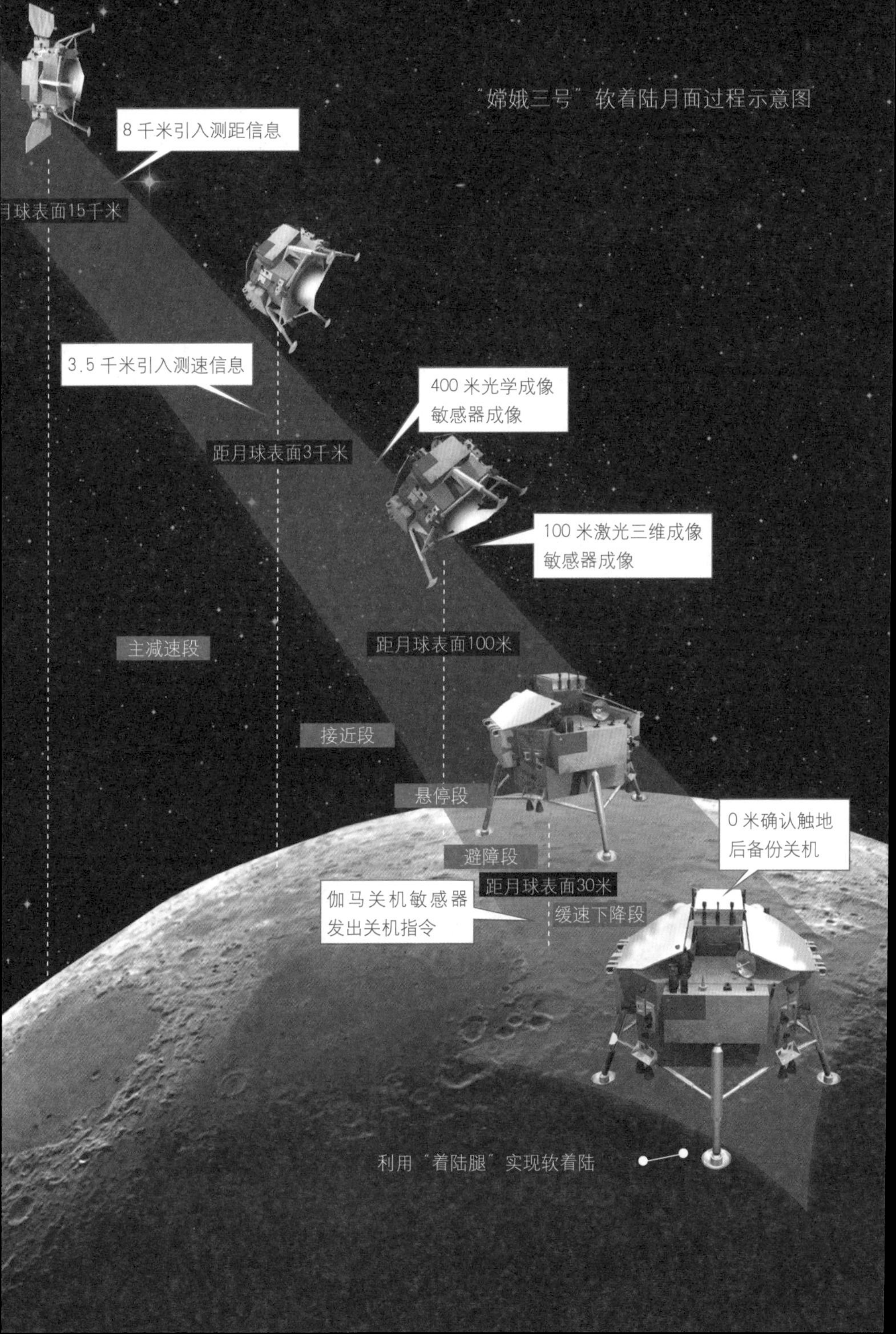
“嫦娥三号”软着陆月面过程示意图
8 千米引入测距信息
月球表面15千米
3.5 千米引入测速信息
400 米光学成像
敏感器成像
距月球表面3千米
100 米激光三维成像
敏感器成像
主减速段
距月球表面100米
接近段
悬停段
0 米确认触地
后备份关机
避障段
距月球表面30米
伽马关机敏感器
发出关机指令
缓速下降段
利用“着陆腿”实现软着陆

的轨道上走向月面。着陆器不能移动位置，着陆器上的各种探测仪器只能开展就位探测；月球车在月面行走，月球车上的各种探测仪器开展巡视探测；着陆器和月球车还会相互结合，开展联合探测。

落月探测的关键技术首先是落月，实现着陆器携带月球车安全共同着陆。大致过程是地面发射探测器进入地－月转移轨道，近月制动被月球“俘获”，绕月飞行，调整轨道，到达着陆区上空，动力下降，实现月面软着陆。

探测器下落过程中，月球引力会使探测器产生重力加速度，将使探测器加速坠落。在着陆器底部安装的发动机向上推

“嫦娥三号”月面巡视器又称“玉兔一号”月球车

动着陆巡视器，可减缓着陆巡视器的下降速度。着陆巡视器降落到距离月面100米的高度时，加大底部发动机向上的推力，使着陆巡视器悬停在100米高度。着陆巡视器在100米高度开始不断平移，着陆器底部的降落相机加速拍摄月面的地形地貌，寻找安全着陆点。相机拍摄的每一张照片会立即输送给着陆器的计算机，计算机具有较高的人工智能能力，会立即分析、判断和决策。

“嫦娥三号”着陆器的降落相机拍摄了3764张照片，最终计算机会选定一个位置，着陆器徐徐落下，在离月面2.8米高度时发动机关机，着陆巡视器安全软着陆。

落月探测的另一关键技术是两器分离。月球车被锁在着陆器上方，着陆巡视器安全软着陆月面之后，地面指挥系统指令着陆器放下月球车走向月面的轨道架，解锁月球车，月球车沿轨道走向月面。着陆器开展就位探测，月球车进行巡视探测。

“嫦娥三号”的科学目标是巡天、观地与测月，着陆器携带了4台探测仪器，月球车也携带4台探测仪器，共同完成科学探测任务。

着陆器上的月基光学天文望远镜，承担在月面进行天文观测的任务，这也是人类首次在月球上实施天文观测。这次天文观测发现了一些特殊结构类型和不同光变类型的恒星，积累

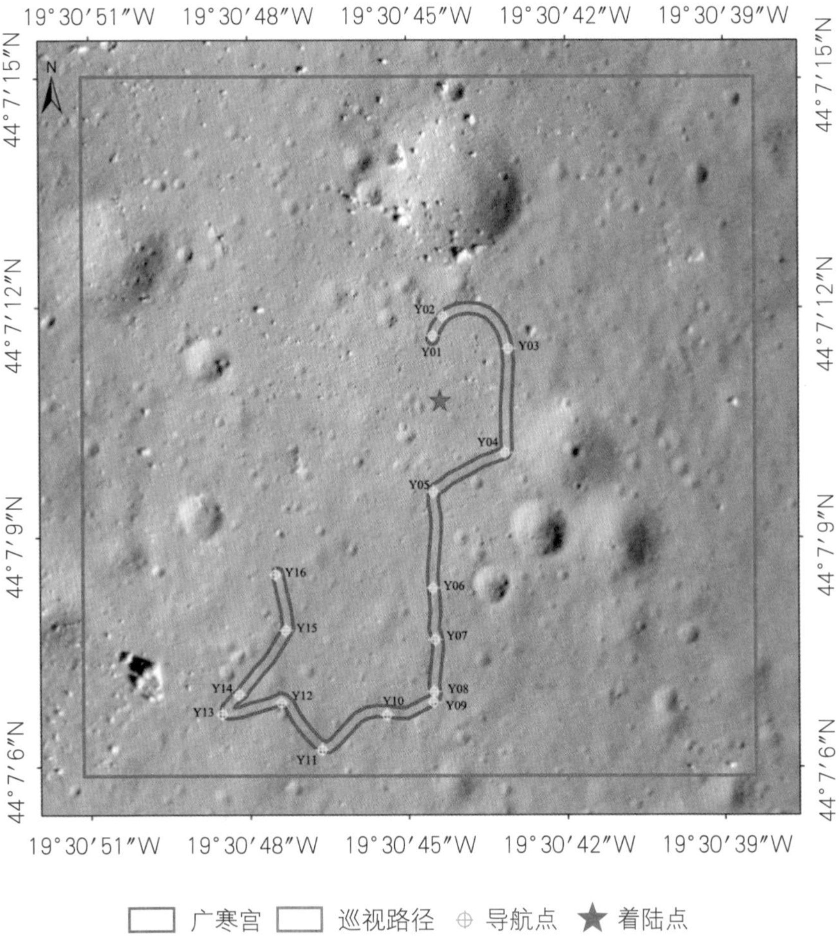
19°30′51″W
19°30′48″W
19°30′45″W
19°30′42″W
19°30′39″W
44°7′15″N
44°7′12″N
44°7′9″N
44°7′6″N
N
Y01
Y02
Y03
Y04
Y05
Y06
Y07
Y08
Y09
Y10
Y11
Y12
Y13
Y14
Y15
Y16
广寒宫
巡视路径
导航点
着陆点

“嫦娥三号”月面着陆区域

了大量新发现的科学资料。着陆器上的极紫外相机，为人类首次在月球上清晰监测到地球等离子体层的形貌、密度与结构变化，及其对地球环境的影响，并获得长期、系统的科学资料。

月球车携带的 4 台探测仪器包括全景相机，用来拍摄和记录巡视路线周围的地形地貌和月球风光；红外成像光谱仪和粒子激发 X 射线谱仪，用来探测巡视路线上的月球岩石和月壤的矿物类型及岩石成分；人类首次在月球表面使用的测月雷达，用来获取月球 100 米深度内月球土壤和月球岩石的分层、厚度变化、结构特征。

2015 年 10 月 5 日，国际天文学联合会正式批准中国的申请，将中国“嫦娥三号”月球探测器在月球上实现软着陆的位置命名为“广寒宫”。围绕“广寒宫”的大型撞击坑，以中国古代著名的星宿名称命名，如“太微”“紫微”和“天市”等。“星宿”围绕着美丽的“广寒宫”，别有一番风景。

科学家给孩子的12封信

第7封信

向星辰大海挺进

诡异的月球背面

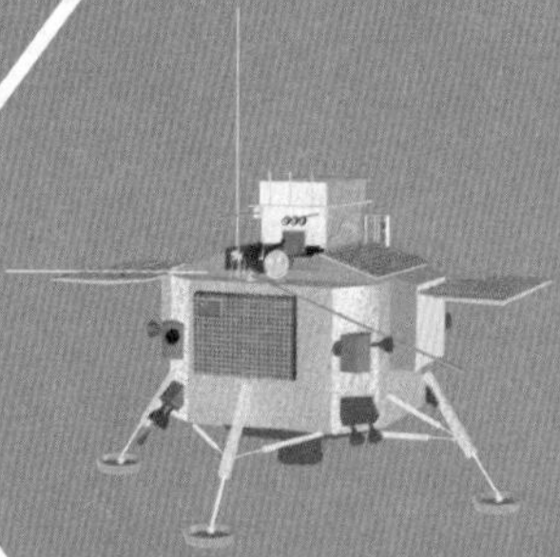

- 『嫦娥四号』探测月球背面
- 破解月球谣言
- 月球表面的差异
- 看不到的月球背面

从古至今，人们总爱仰望皎月，展开无限遐想。但你知道吗，我们在地球上永远只能看到月球的一半。另一半是永远背对地球的月球背面，被各种传闻蒙上了一层神秘的面纱。月球背面有没有外星人？地球上消失的飞机是不是被外星人带到了月球基地？探测月球背面的“嫦娥四号”会不会惹怒外星人？如果你对这些问题充满好奇，不妨和我一起认识一下诡异的月球背面吧。

看不到的月球背面

古人看到悬挂在空中的明月，想象出广寒宫、桂花树、嫦娥、吴刚、玉兔等传说，写下许多优美的诗篇。但奇怪的是，从古至今，我们在地球上看到的月球永远只是固定的半个面。哪怕是几亿年前的恐龙，它们看到的月球也是这半个月球。

我们在地球上只能看到月球的“正面”，永远看不到月球的“背面”，因而人们觉得月球“背面”恐怖、神秘和诡异。

“嫦娥四号”实现了人类首次着陆月球背面，引起了人们的关注、好奇与担忧。很多好心人给我来信、来电，劝诫我说：“月球背面是外星人监视地球的基地，不要去干扰他们！”“人家都不敢去月球背面，中国为什么要去逞能？”“如果在月球背面遇见了外星人，中国是什么态度？”

我想说明月球背面的真实情况，介绍“嫦娥四号”的运行过程及其科学探测任务。事实是，月球背面没有任何外星人活动的踪迹。

我们知道，月球是会自转的，随着它的旋转，我们不就可以看到月球的全貌了吗？可为什么实际与想象不同呢？

月球按逆时针方向自转，同时也按逆时针方向围绕地球公转，月球的自转周期与围绕地球公转的周期相等（即所需要的时间相等），这导致的后果是在地球上只能看到月球的正面，永远看不到月球的背面。这种现象被天文学称为“潮汐锁定”。

地球也是按逆时针方向自转，同时按逆时针方向围绕太阳公转的，地球自转一周的时间是 24 小时，公转一周的时间是 365 天，幸运的是地球没有被太阳“潮汐锁定”。如果地球被太阳“潮汐锁定”，地球将有一面永远是白昼，另一面永远是黑夜。科学家发现，银河系有些恒星系统中的行星被恒星“潮汐锁定”，被锁定的行星一面永远是白昼，另一面永远是黑夜。

由于月球被地球“潮汐锁定”，地球不是恒星不能发光，月球的自转使月球背面仍然能够接受太阳光的照射，因此月球背面仍然有白昼和黑夜之分。

由于月球的自转周期与绕地球的公转周期相等，月球绕地球公转一周的时间约为 28 个地球日，接近地球上一个月的时间；月球自转一周的时间接近地球上的一个月。因而，月球的白昼与黑夜各持续约 14 个地球日。

月球始终以同一面朝向地球

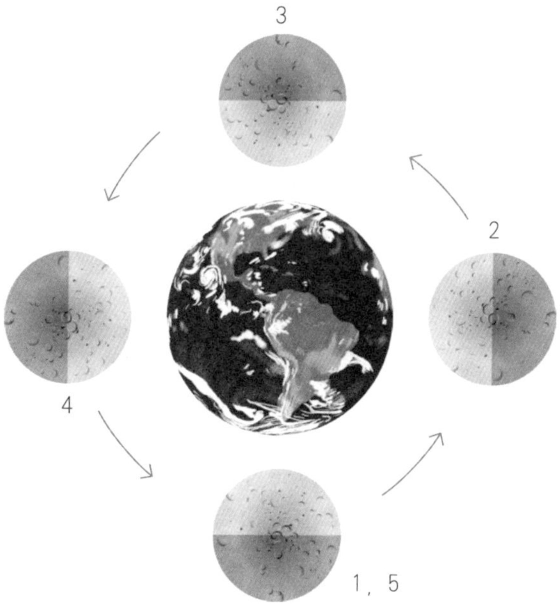

月球一边公转一边自转

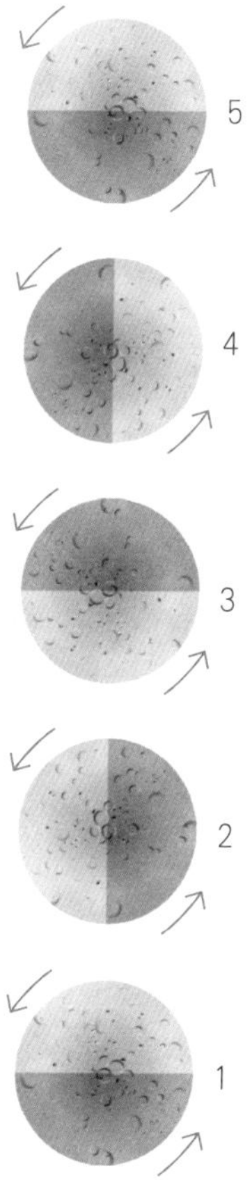

月球自转

月球表面的差异

自1906年望远镜被发明以来，意大利物理学家伽利略·伽利雷首先用望远镜进行了月球观测。他看到月球正面布满了暗色的巨大“斑块”，认为这些暗色的大“斑块”是月球上的海洋，由于海水反光能力弱，海洋就呈现为暗色的“斑块”。当时这些暗色“斑块”被命名为“月海”，如“雨海”“丰富海”“静海”“风暴洋”等。其实，月球表面完全没有液态水，这些巨大的暗色“斑块”是在39亿年前，月球遭受大量小天体撞击时，在月球表面被“挖掘”出的一些巨型撞击盆地。盆地底部产生了大量很深的裂隙，诱使月球内部的岩浆喷发和溢出，使得大量火山爆发。火山喷出和溢出的熔岩流是暗色的玄武岩。玄武岩溢出后填平了撞击盆地的底部，形成了广阔的平原。玄武岩颜色较深，呈现为众多“月海”奇观。

月球表面颜色明亮的部分被称为“月陆”，是由月球早期岩浆分异形成的斜长岩，这类岩石颜色较浅，太阳光反射能力比较强。

组成月陆的岩石主要是斜长岩，形成于距今约40亿年前，而月海玄武岩形成于距今39亿～20亿年前，所以月陆比月海古老，其裸露在月表的时间更长，撞击坑的分布更密集。

月球正面与背面的地形差异很大，月球上被命名了共计22个月海，约占月表面积的25%。绝大部分月海分布在正面，月球正面月海的总面积约占月球正面的50%。月球背面分布有东海、莫斯科海和智海等，但以月陆为主。月海是宽阔的平原，地形较平缓，月陆又被称为月面的高地，地形起伏较大。因此总体而言，月球正面地形较为平缓，背面更为崎岖不平，地形复杂。

月球背面与月球正面还有一处最大的差异，表现在月球正面完全屏蔽了地球电磁波对月球背面的干扰，月球背面处于天然的电磁“洁净”环境。来自宇宙空间低于5兆赫的电磁波在月球正面也会受到严重干扰，这种甚低频的辐射几乎在任何时段和区域都难以通过地球的电离层到达地面。因此，只有在月球背面进行甚低频射电天文观测，才能获得非常“干净”的甚低频电磁波谱。在月球背面可通过月基甚低频天文观测来进行太阳爆发研究、太阳系行星的低频射电场研究、地外行星射电观测，并“聆听”来自宇宙大爆炸后几千万年到上亿年的“声音”。

月球正面

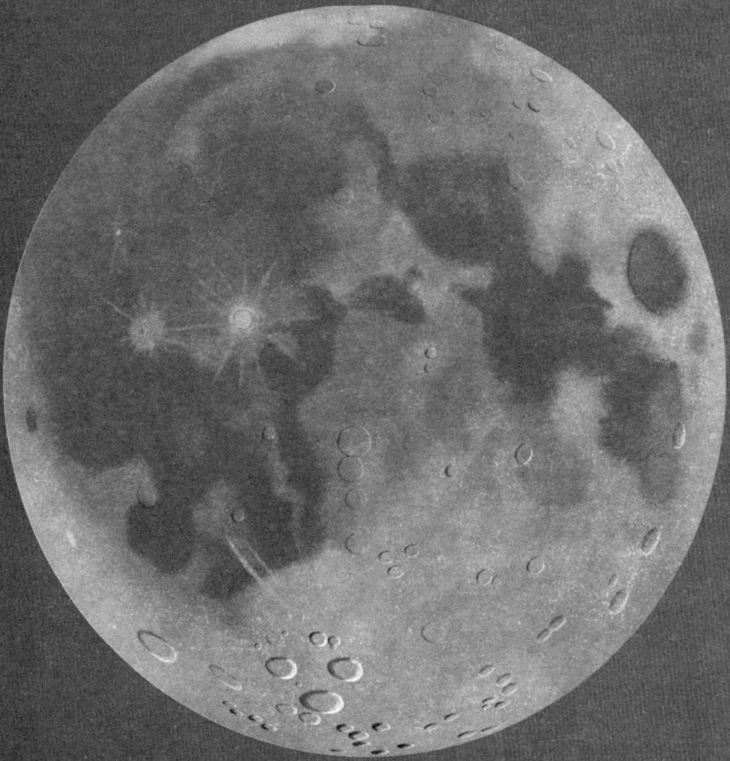

地球与月球正面无线电通信畅通无阻，地球与月球背面的无线电通信完全被月球正面阻挡。但是“嫦娥四号”要在月球背面进行落月探测，人类在地球上既看不到月球背面，也不能与其通信联系，从地球发出的指令无法直接发送给探测器执

月球背面

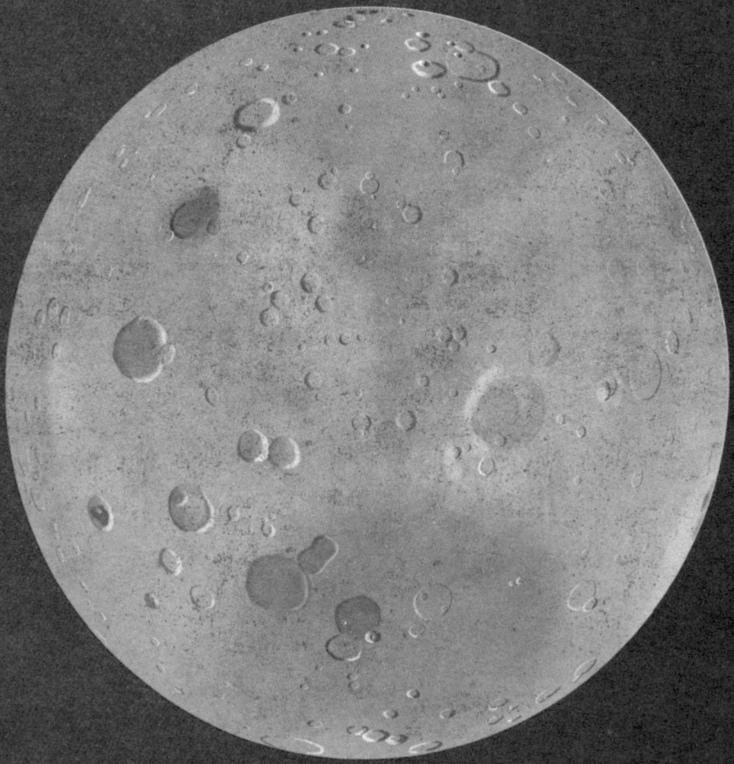

行，探测器的科学探测数据也不能直接传送回地球。

因此，我们想到先将“鹊桥”中继星设置在位于地－月引力动态平衡 L2 点位置，即中继星位于距离月球背面 6.5 万千米的位置，它永远面对月球背面，同时也能“看到”地球。

破解月球谣言

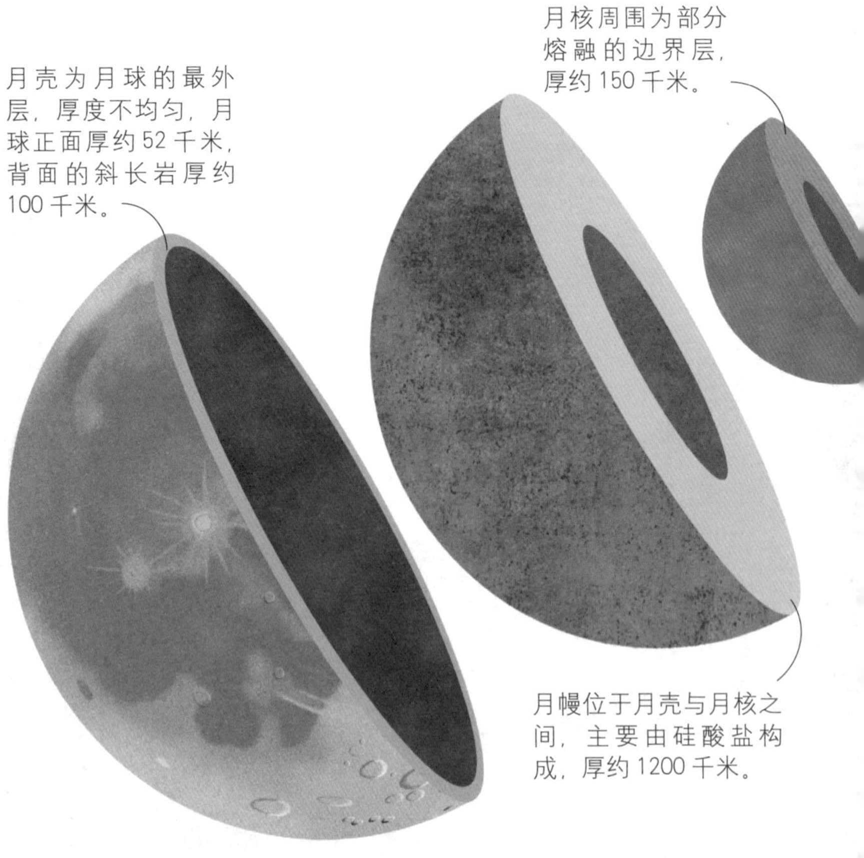
月核周围为部分
熔融的边界层，
厚约150千米。
月壳为月球的最外
层，厚度不均匀，月
球正面厚约52千米，
背面的斜长岩厚约
100千米。
月幔位于月壳与月核之
间，主要由硅酸盐构
成，厚约1200千米。

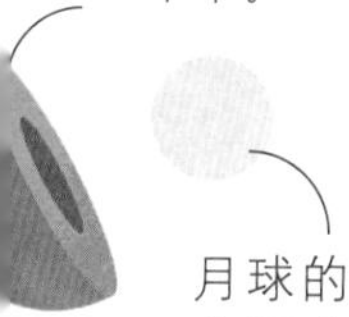

月球外核的主要成分是液态铁，厚约90千米。
月球的内核富含固态铁，半径约240千米。

你听说过“月球有外星人”的传说吗？尽管人类的探月进程已取得辉煌成就，但关于月球的谣言依然很多，有些人仍对月球上有外星人深信不疑，认为月球是外星人制造的天体，月球是中空的，外星人就居住在月球的中心和背面。

经同位素年代学测定，月球表面的各类岩石形成于42亿～20亿年前。由此可以推断出月球形成于45亿年前。如果真的有外星人，那他们应该在45亿年前就开始建造月球，一直延续至今。显然，这是不可能的。

现在关于月球形成的主流理论是大碰撞说。多数科学家认为曾有一颗火星大小的天体与地球碰撞，爆裂出的物质进入环绕地球的轨道，逐渐形成月球。

月球不可能是中空的。在“阿波罗”载人登月时期，人们利用在月面埋设的多台月震仪，接收月震和小天体撞击月球产生的弹性波。根据弹射波的传播速度与方位，我们可以证明月球是实心的，月球内部结构与地球类似，包括月核、月幔和月壳。并且，随着深度的增加，月球内部物质的比重也在增加。

1988年4月5日，美国《世界新闻周刊》刊登了“在月球上找到了第二次世界大战时在百慕大上空失踪的一架美国轰炸机”的报道。消息刊出，轰动世界。

新闻图中放置轰炸机的地点是代达罗斯撞击坑，坐标为月球背面的南纬5.9度、东经179.4度，撞击坑的直径93千米，深度3千米。按比例，轰炸机的机身长度约50千米，两翼的宽度约60千米。目前，人类不可能制造出如此巨大的飞机。

并且，飞机是利用空气动力学的原理飞行的，月球表面是超高真空的环境，飞机不可能在此飞行。显然，这是伪造的照片和报道。

截至目前，我收到过100多张各地网友发来的外星人在月球背面活动及其建造的各种建筑物的照片，如月球背面的金字塔群、巨石阵、进入地下基地的月面入口建筑、外星人居住的城市等。这些都是在科学摄影的基础上利用图片处理软件伪造出来的。

关于月球背面的种种传说完全没有科学依据，现在应由“嫦娥四号”正本清源，还原月球背面的真实面貌。

“嫦娥四号”探测月球背面

“嫦娥四号”包括“鹊桥”中继星和探测器系统。探测器由着陆器与“玉兔二号”月球车组成。

2018 年 5 月 21 日，“鹊桥”中继星从西昌卫星发射中心发射升空，以建立地球与月球背面畅通的无线电链路。

2018 年 12 月 8 日，“嫦娥四号”探测器从西昌卫星发射中心成功发射升空。2019 年 1 月 3 日，探测器着陆于月球背面。

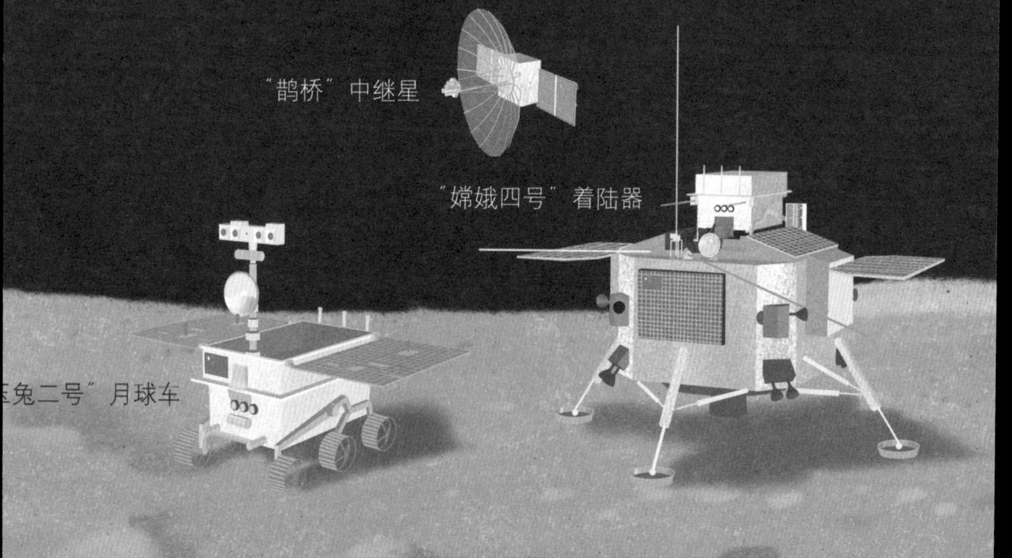

太空名片

“玉兔二号”月球车

发射国家：中国

发射日期：2018 年 12 月 8 日

着陆日期：2019 年 1 月 3 日

着陆地点：月球冯 · 卡门撞击坑

设置在着陆器上的探测仪器包括低频射电频谱仪、地形地貌相机、中性原子探测仪等。低频射电频谱仪可对宇宙中的各种射电现象进行观测和研究，获取银河系或太阳系空间大量有重大科学意义的数据。地形地貌相机肩负着获取月球背面着陆区高清彩色图像的科学任务，能获得撞击坑内精细的地形地貌照片。设置在月球车上的探测仪器包括全景相机、红外线成像光谱仪、测月雷达等。全景相机安放在月球车的桅杆上，获得了冯 · 卡门撞击坑内的地形地貌、岩石露头与分布的照片。红外线成像光谱仪用于获取月球表面图像信息，首次在月球背面发现了月球深部的月幔岩石。测月雷达首次精细探测了月球背面地下表层的结构。

2019 年 2 月 4 日，国际天文学联合会批准了五个“嫦娥四号”着陆点及其附近地理实体名称。“嫦娥四号”的着陆点被命名为“天河基地”。至此，全月球的实体命名中有两个“基地”，一个是1969年美国“阿波罗11号”首次成功载人登月的着陆点，被命名为“静海基地”；另一个就是“天河基地”。

围绕着陆点的三个撞击坑，分别以银河系的星宿名称命名为“织女”“河鼓”和“天津”。冯·卡门撞击坑内的一座山，以中国的泰山命名。

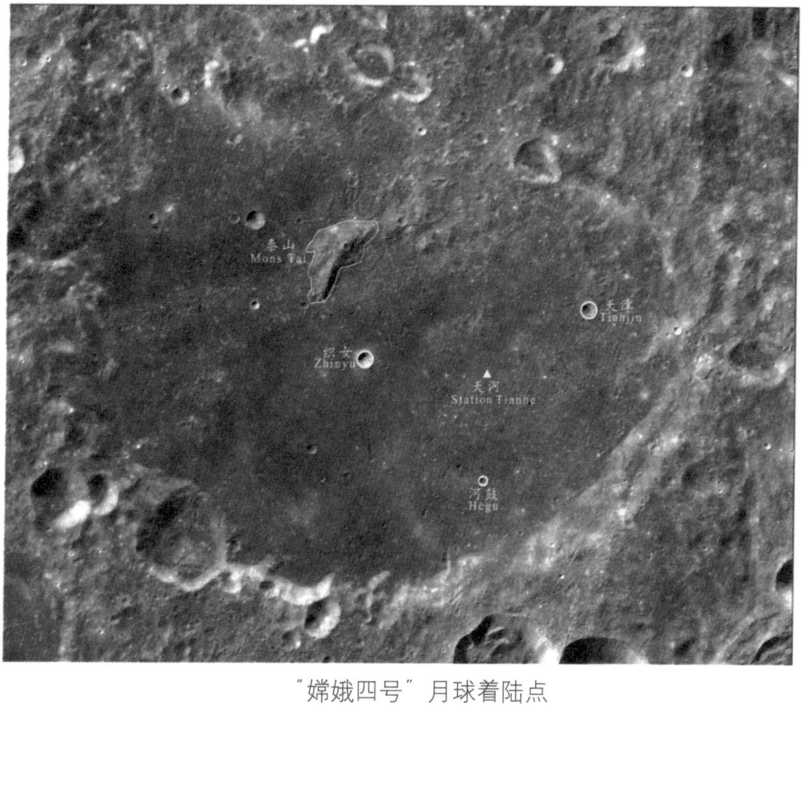

“嫦娥四号”月球着陆点

科学家给孩子的12封信

第8封信

向星辰大海挺进

月球取样返回

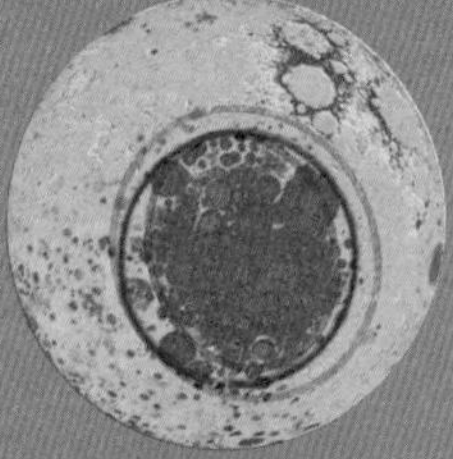

- 编制全月地质图
- 月球演化史中的难题
- 『嫦娥五号』探测器
- 『小飞』返回

还记得吗，我们曾用美国赠予的0.5克月球土壤写出了14篇研究论文，我从此开始了对月球的研究。40多年后，我们成功完成了中国探月工程中最复杂、最艰难的任务，并且自主采回了近2千克的月球土壤。“上九天揽月”不再是遥不可及的神话。

“小飞”返回

“嫦娥五号”任务面临取样、上升、对接和高速再入（从月球轨道返回地球）四个主要技术难题。取样、上升、对接可以在地面上进行模拟试验，只有高速再入无法在地面上模拟。

2014 年 10 月 24 日，为“嫦娥五号”回家探路的再入返回飞行试验器“小飞”，在西昌卫星发射中心发射升空。10 月 28 日，“小飞”完成月球近旁转向飞行，离开月球引力场，进入月－地转移轨道，返回器于 11 月 1 日成功返回地球。

“小飞”由“大块头”的服务舱和“小个子”的返回器组成。在 8 天的旅程中，绝大部分时间里，服务舱像个“超级的哥”载着返回舱前进。只有在最后 40 多分钟的行程中，返回器与服务舱分离，独自再入地球大气层，返回地球。“超级的哥”一路上不仅要“开车”，还负责给返回舱供电、供暖，提供数据传输和通信保障等。分离的时候，舱器之间的 4 个爆炸螺栓同时炸开，服务舱用力把返回舱推到再入返回走廊。

“小飞”返回地球时的速度约11.2千米/秒，是飞船从未有过的再入速度。以如此高速进入大气层，空气摩擦产生的高温势必烧毁“小飞”。为了避免这种情况，科学家选择了“弹跳式”再入返回技术，即半弹道再入返回技术，让“小飞”以计算好的角度与大气层接触，与大气层产生的相互作用力会使“小飞”像小石子碰触水面时弹跳起来一样。如此一来，“小飞”就能以“打水漂”的方式减速返回了。

“小飞”作为“嫦娥五号”的探路兵，圆满完成了自己的使命。之后，“嫦娥五号”正是采取半弹道再入返回技术，成功回到了地球的怀抱。

“小飞”于2014年11月1日在内蒙古四子王旗预定区域成功着陆。

“嫦娥五号”探测器

“嫦娥五号”执行了中国无人月球探测工程“绕、落、回”三期中的最后一期任务，即月球取样返回任务。“嫦娥五号”探测器由上升器、着陆器、返回器和轨道器组成的组合体构成，重 8.2 吨，是中国首个实施无人月面采样返回的探测器。

“嫦娥五号”探测器发射后历经 20 多天，完成了 10 多个阶段性任务：第一，2020 年 11 月 24 日，“嫦娥五号”在文昌航天发射场发射；第二，探测器组合体进入地 – 月转移轨道，转入奔月轨道；第三，探测器近月制动；第四，着陆器携带上升器与轨道器、返回器组合体在近月空间分离；第五，着陆器携带着上升器动力下降到达月面；第六，着陆器与上升器在月面进行铲取样品与钻孔钻取样品；第七，取样任务完成后，上升器携带样品升空；第八，上升器与轨道器、返回器组合体交会对接，实施样品转移；第九，上升器与轨道器在近月空间分离；第十，轨道器携带返回器进入月 – 地转移轨道，在近地空间轨道器与返回器分离；第十一，返回器高速冲进地球大气层，采用半弹道再入技术返回大气层，并在近地空间打开降落伞。2020 年 12 月 17 日，返回器安全着陆在指定着陆区——内蒙古四子王旗，地面工作人员回收返回器。

“嫦娥五号”执行的是中国月球探测最复杂、最艰巨的任务。“嫦娥五号”实现了两次发射起飞（地球与月球）、两次着陆（月球与重返地球）、近月空间无人自动交会对接、在月面取样，首次将 1731 克月壤和月岩碎块带回地球。

着陆器携带上升器分离

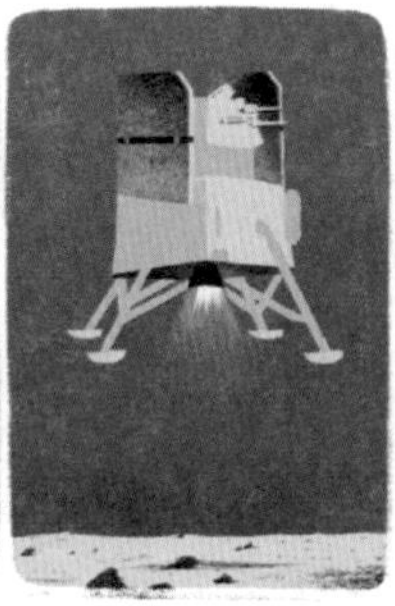

着陆器与上升器动力下降到达月面

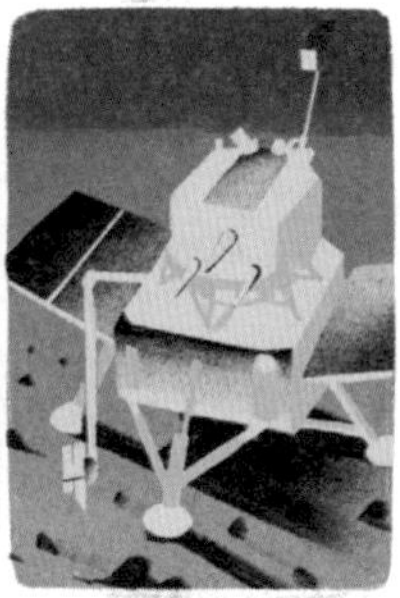

在月面采集样品

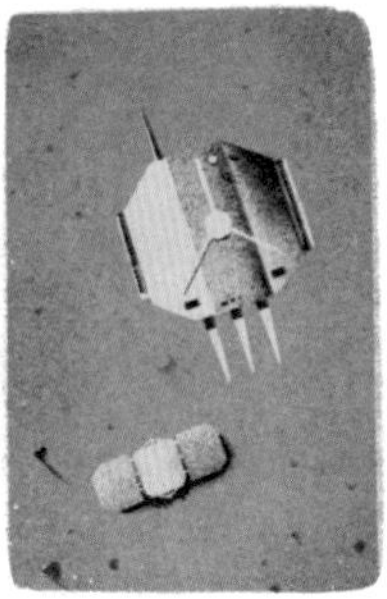

上升器携带样品升空

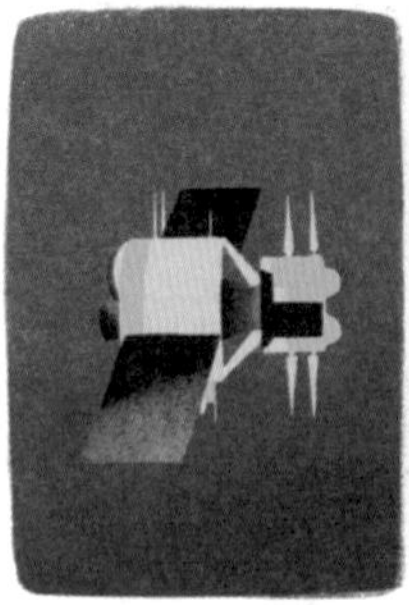

对接并实施样品转移

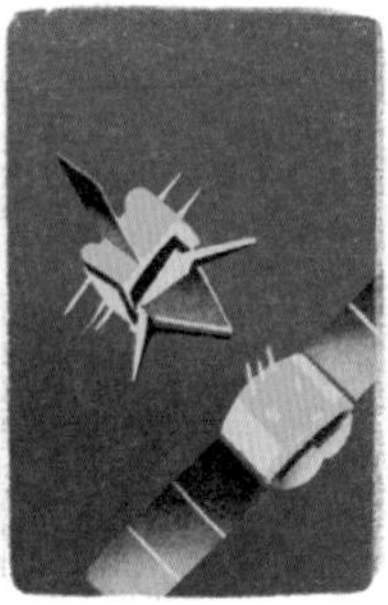

上升器与轨道器分离

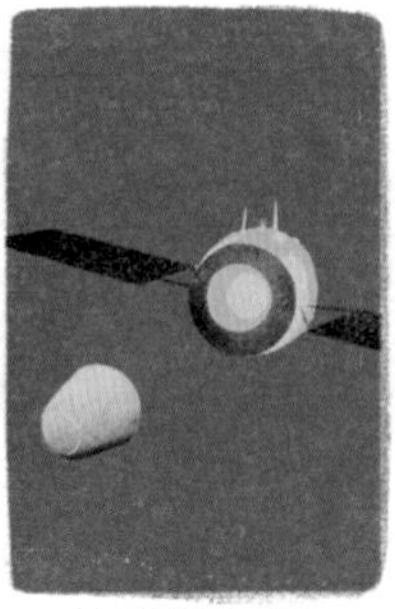

轨道器与返回器分离

返回器再入返回地球大气层

月球演化史中的难题

60 多年来，人类发射了 130 多个月球探测器，取得了大量与月球演化历史相关的科学数据，月球自 45 亿年前形成以来的演化历程逐渐清晰。科学家对月球的演化历史研究有两个重大的科学问题至今却难以解答。

月球形成 45 亿年以来，人类只发现了月球距今 40 亿年至 30 亿年间，月球的内部能量引发地质活动（岩浆侵入、火山喷发、强烈月震、月球偶极磁场活动等）的科学证据；没有发现 40 亿年以前和 30 亿年以来月球地质活动的可靠科学证据。这成为当今月球演化历程研究的难题，即“一老”和“一新”的科学问题。

“一老”，也就是自 45 亿年前月球诞生至 40 亿年前，月球演化历史是一段空白，也许是后期喷发的火山熔岩覆盖了早期的古老岩石，因而科学家找不到任何地质证据。在月球上找到 40 亿年前岩石可能的裸露区，成为“嫦娥四号”着陆区选择的焦点。根据已有的研究，月球背面巨大的撞击盆地——艾肯盆地是 40 亿年前由小天体撞击形成的直径 2480 千米、深度 12.8 千米的撞击盆地，也是太阳系最大的撞击盆地。艾肯盆地形成时，必然将底部 40 亿年前的岩石挖掘、溅射和裸露出来，科

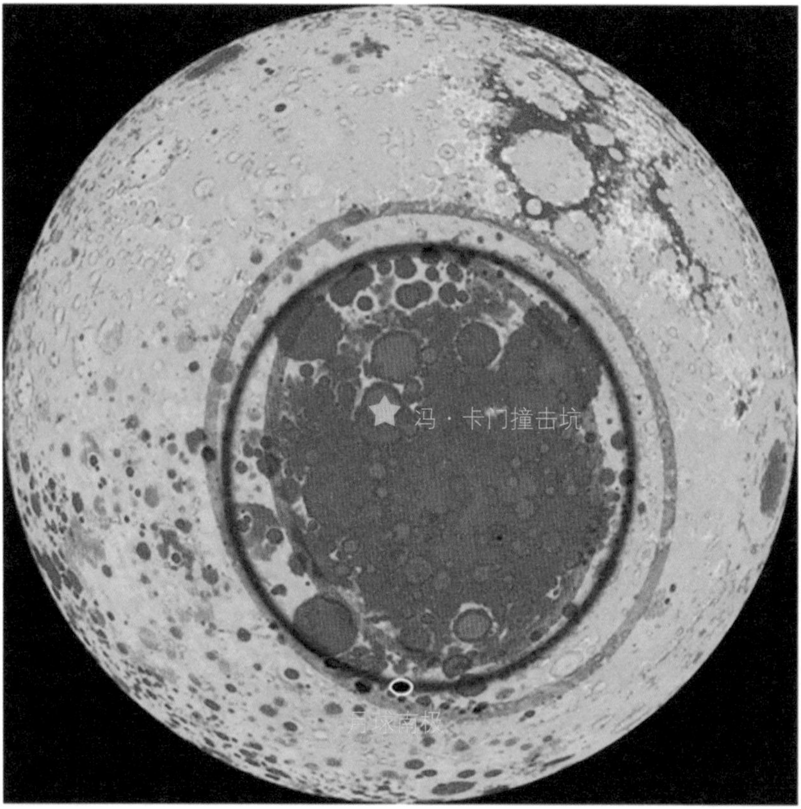

“嫦娥四号”着陆于冯 · 卡门撞击坑。

学家甚至有可能在这里找到月球深部的月幔物质，因此有可能发现 40 亿年前的地质记录。

“一新”是指 30 亿年以来，科学家没有找到任何月球内部活动的证据，难道月球在 30 亿年前已经“死亡”？月球内部没有活力，偶极子磁场也会消失。我们根据月球表面撞击坑分布密度的统计研究发现，在相同面积条件下，撞击坑较密集的区域比撞击坑较稀疏的区域年龄更大，同时发现在风暴洋北部吕姆克山附近可能存在距今 20 亿年的火山喷发岩——玄武岩。

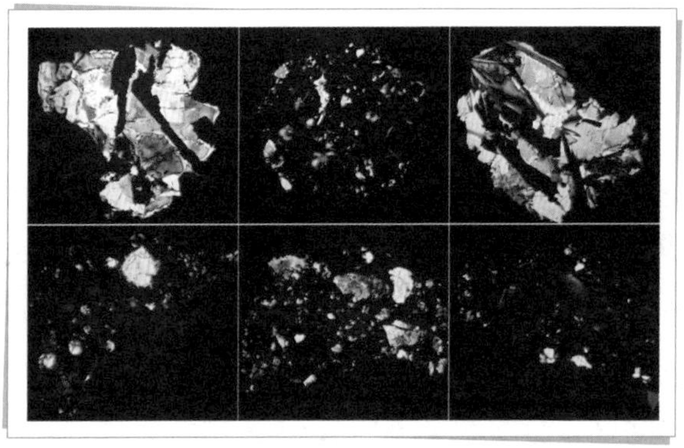

“嫦娥五号”带回的月壤颗粒的显微照片

为了给解决月球演化历史中的“一老”和“一新”的难题提供新的科学证据，根据科学目标的要求，“嫦娥四号”和“嫦娥五号”的着陆区分别选择了月球背面艾肯盆地内的冯·卡门撞击坑与月球正面风暴洋北部的吕姆克山附近。

2021 年，中国科学家对“嫦娥五号”月球样品玄武岩进行了精确的年代学、岩石地球化学及岩浆水含量的研究，证明月球最“年轻”玄武岩年龄为 20 亿年。这项研究提供了迄今为止确定的最年轻玄武岩的证据，对我们认识月球起源和演化具有重大的科学意义。

2024 年 5 月 3 日，“嫦娥六号”探测器成功发射，准确进入地－月转移轨道。“嫦娥六号”计划前往月球背面艾特肯盆地，进行形貌探测和地质背景勘察等工作，去发现并采集不同地域、不同年龄的月球样品，争取实现采集 2000 克样品的目

2024 年 5 月 3 日，“嫦娥六号”探测器在文昌航天发射场成功发射。

标。鉴于“嫦娥四号”中继星的设计寿命即将到期，所以在“嫦娥六号”任务之前，中国计划再发射一颗“鹊桥二号”中继星，作为探月四期的公共中继星平台，为后续的“嫦娥”探测器提供服务。让我们一起期待“嫦娥六号”带回月球背面的岩石样品，为人类揭开更多月球和宇宙的奥秘。

月球主要演化事件年代分布图

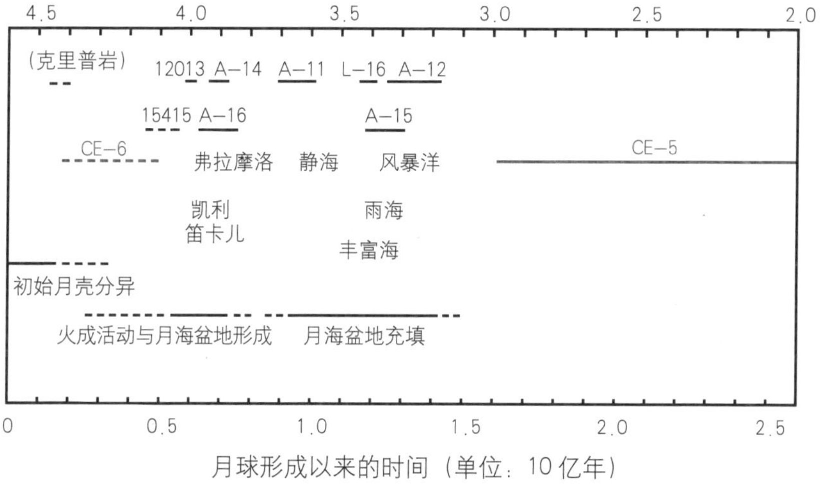

注：A—Apollo，美国“阿波罗”载人登月采集样品的年龄
L—Luna，苏联“月球号”采集样品的年龄
CE，中国月球探测工程“嫦娥”探测数据与样品的年龄

编制全月地质图

从“嫦娥一号”至“嫦娥五号”，中国探月工程硕果累累，月球高精度数据被源源不断获取。随着对月球物质组成以及构造演化的认识越来越深入，月球的神秘面纱被层层揭开。

2022 年 5 月，中国科学家团队宣布完成世界首幅 1∶250 万月球全月地质系列图。系列图包括 6 张长 6 米、宽 3 米的 1∶250 万中文版和英文版的月球全月地质图，月球全月岩石类型分布图和月球全月构造纲要图，以及中文版和英文版的 60 张分幅地质图，是迄今为止世界上最完整、精度最高、最详细的全月地质图。

2012 年，经过“嫦娥一号”和“嫦娥二号”的探测与研究积累，中国逐渐具备开展月球全月地质图编研的条件和基础。由我提议，中国科学院地球化学研究所作为牵头单位，率先对月球地质图的编制工作进行科研立项。

自那时起，月球地质图在我和刘建忠研究员的带领下，以中国科学院地球化学研究所作为牵头单位，联合吉林大学、山东大学、中国地质科学院、中国地质大学（北京）、中国科学院地理科学与资源研究所等多家单位组成科研团队，历经10年时间历练而成。

在新编制的月球地质图中，研究人员基于对月球动力学演化过程的认识更新了月球地质年表，采用“三宙六纪”的划分方案将月面历史分为三个宙——冥月宙（岩浆洋纪）、古月宙（艾肯纪、酒海纪及雨海纪）和新月宙（爱拉托逊纪和哥白尼纪），与月球演化过程中的内动力地质作用为主的阶段、内外动力地质作用并重阶段，以及外动力地质作用为主的阶段相对应。

地质系列图表达的要素主要包括：12341个撞击坑，其中7548个撞击坑识别并表达了坑物质，4793个撞击坑以环形构造表示；81个撞击盆地，识别并表达了其盆地建造；17种岩石类型，包含5类月海玄武岩、7类非月海玄武岩和5类特殊岩石露头；14类构造，其中10类内动力成因的构造包括16839条线性构造和364个环形构造，4类外动力成因的构造包括2137条线性构造和4874个环形构造等。

全月地质图综合表达了月球地质和演化信息，可为月球科学研究、探测规划、着陆点选址等提供重要的基础资料，并为其他天体地质图的编制提供参考。

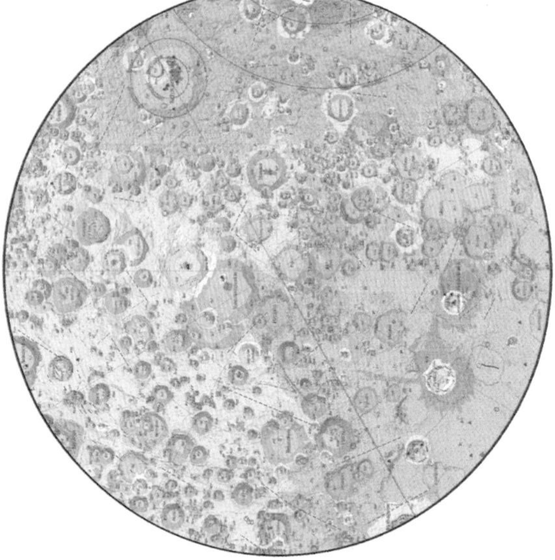

月球全月地质图 — 北极区域

月球全月地质图 — 南极区域

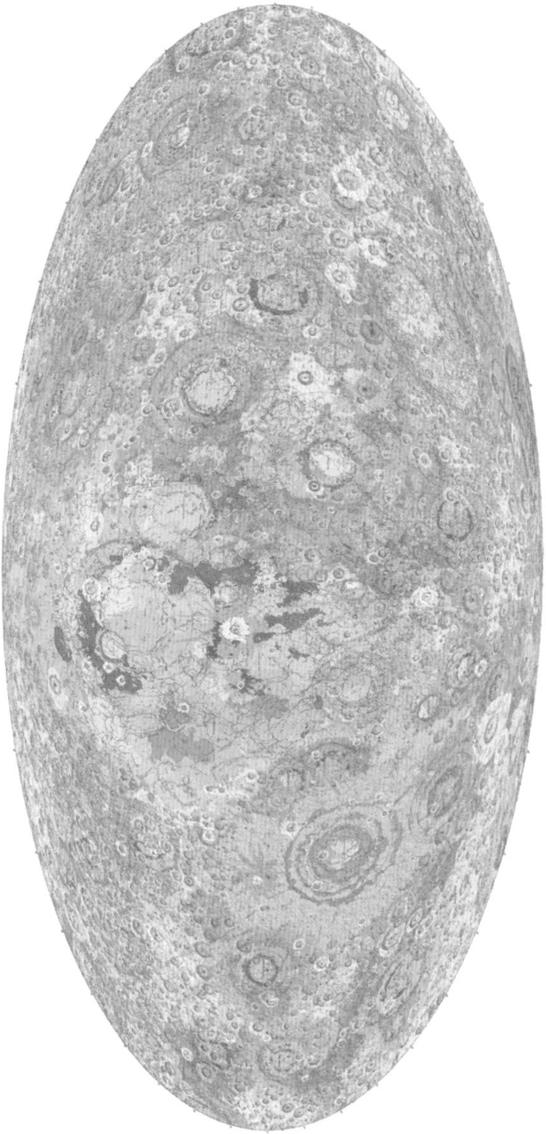

月球全月地质图

科学家给孩子的12封信

第9封信

向星辰大海挺进

通往火星的远征

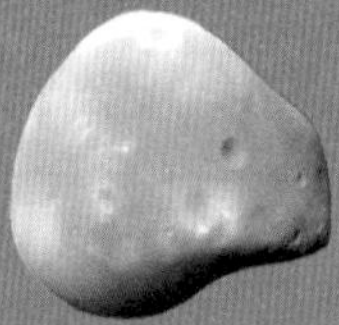

- 探测火星的发射窗口期
- 火星概况
- 火星人传说
- 古代的『灾星』

太阳系一共有八大行星，你知道为什么火星是当代太阳系探测的重点对象吗？火星与地球是近邻，与地球有很多共同之处，所以人们期待着在火星上找到与我们类似的生命，很早就开始观察、探索这颗行星。火星是目前为止除了地球以外人类了解最多的行星。

古代的“灾星”

古时候，火星被认为是战争与灾难的化身。中国古人称火星为“荧惑”，《史记·天官书》有记载，之所以名“荧惑”，主要因为火星的行踪复杂，顺逆不定，忽东忽西，时隐时现，快慢不均，给人一种不祥之感。汉代的占星家甚至认为，荧惑主战乱，与战争、丧乱、饥馑、疾疫等灾害紧密相连，因此将火星称为赤星、罚星。

在古希腊，人们用神话中的战神“阿瑞斯（Ares）”代表火星。阿瑞斯是古希腊奥林匹斯十二神之一，被视为尚武精神

太空名片

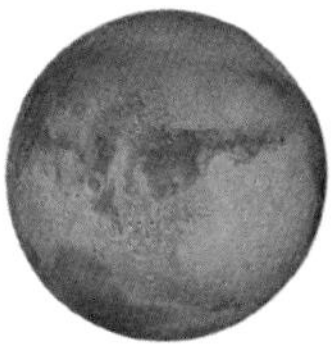

火星

直径：6792 千米

距太阳平均距离：2.28 亿千米

一日的时长：约 1 个地球日

一年的时长：约 687 个地球日

的化身。阿瑞斯是天神宙斯和天后赫拉的儿子。他司职战争，形象英俊，性格强暴好斗，而且勇猛顽强，是力量与权力的象征，好斗与屠杀的战神，同时也是嗜杀、血腥、灾祸的化身。

在古罗马神话中，战神“玛尔斯（Mars）”是火星的代名词。火星的拉丁文和英文就来自于“Mars”。玛尔斯是爱与美之神维纳斯的情人，传说玛尔斯的两个儿子是罗马城的建立者，罗马人有时自称“玛尔斯之子”。

在印度神话中，战神“卡尔蒂凯耶（Kartikeya）”是火星的化身。他是印度神话和佛教体系中的战神，印度万神殿的主要神之一，被描绘成骑着孔雀的小孩。传说他从高山上的黄金洞穴中出生，出生第四天就成为神军的总司令，第六天就率领众神将魔众击溃。卡尔蒂凯耶是战神，性格强暴好斗，是嗜杀、血腥、灾祸的化身。

火星之名，从西方神话中的阿瑞斯、玛尔斯，到中国古星象学的荧惑，都代表着战乱、灾难、疾疫、死丧等令人畏惧的事物。究其原因，主要是因为人们用肉眼看到的火星是一颗红色的星球。

火星表面大气压很低，风速很大，经常发生区域性甚至全球性的沙尘暴。大风扬起沙尘，遮天蔽日。沙尘中的沙粒是火星表面的岩石风化破碎后形成的各种矿物颗粒，其中有一种赤红色的矿物——赤铁矿（Fe_2O_3）。在古代，赤铁矿是画家用来绘画的红色颜料，色彩鲜艳，持久稳定。红色的赤铁矿颗粒使席卷全球的火星沙尘暴呈红色，沙粒沉降在火星表面，使整个火星“身披红装”，成为一个红色的星球。

其实，人们误解了火星，火星是一颗外表寒冷、毫无生气且“内心”平静的星球。火星已经没有板块运动、火山喷发、强烈“地震”和全球性偶极磁场，没有奔腾的河流，海洋和湖泊都早已干枯，火星上没有任何生命活动的迹象。

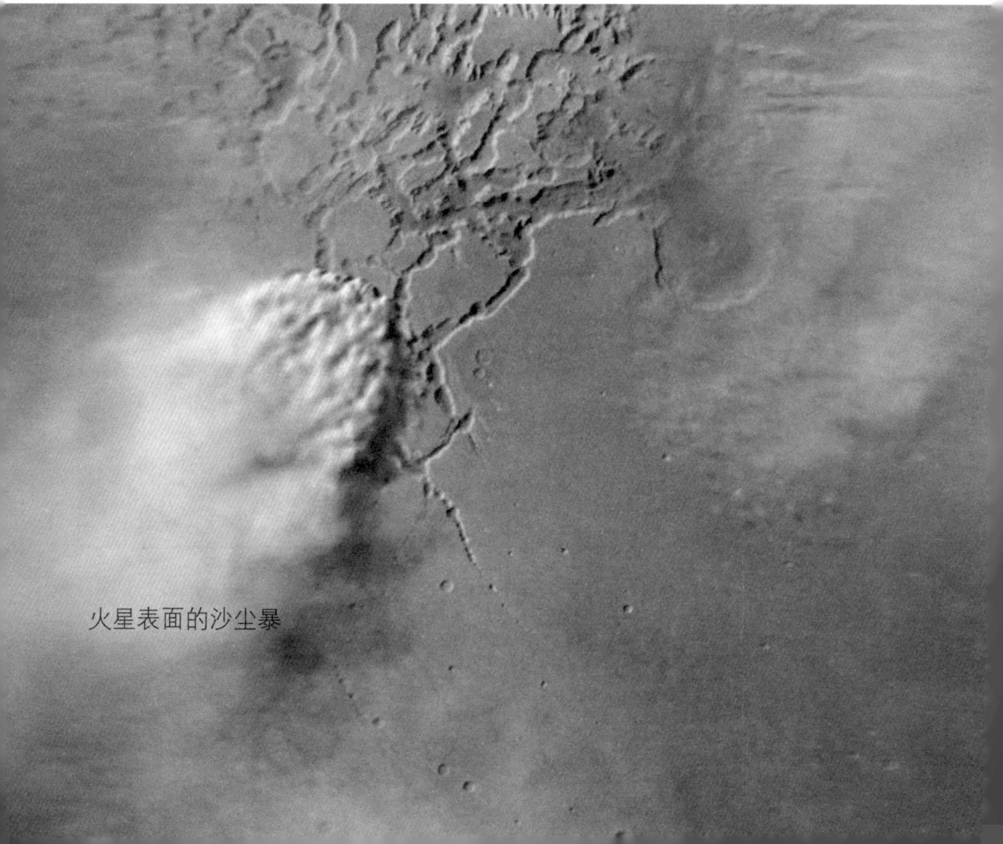
火星表面的沙尘暴

火星人传说

在古代，人们观测火星时，只能看到一个“行踪诡异”的红色小斑点。1609 年望远镜发明后，人类用望远镜能辨别出火星表面的一些明暗特征。意大利米兰天文台台长、天文学家乔范尼·斯基帕雷利于 1887 年首先用望远镜观察到火星上的沟渠系统（后被误译为火星“运河”），并于 1890 年绘制了火星

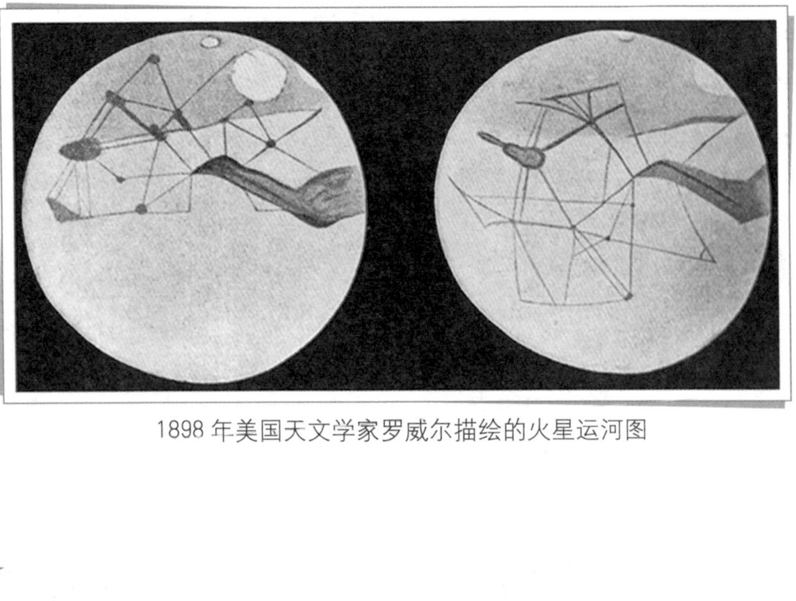

1898 年美国天文学家罗威尔描绘的火星运河图

地图。1898 年，美国天文学家帕西瓦尔 · 罗威尔描绘了火星运河图，纵横交错的运河系统，表明火星上建立了发达的农业体系，居住有高度文明的“火星人”和其他生命。实际上，“运河”是不存在的，它们是火星表面的环形山等结构造成的视觉效应。

20 世纪初以来，有关“火星人”的科普、科幻书籍、影片和传说，如《神秘的火星》《火星叔叔马丁》《火星人玩转地球》《红色星球》《火星任务》《火星救援》等在全球流行，风靡一时。

“火星人”的形象多种多样，有的长着硕大的脑袋、凸起的眼珠、丑陋的面孔，还有的被刻画为蜘蛛火星人等。显然，这些都是毫无根据的伪造。

网络上报道了很多火星探测器拍摄的照片，常有一些“火星人”内容。比如，有一张“火星人脸部”的照片，被人们误传为“火星人雕刻的人脸像”。其实，照片上是一块太阳光下的火星岩石，是人类在一个理想的太阳光照射角度下拍摄的。有的火星探测器拍到的“火星人”照片也同样是太阳光照射角度下的“杰作”，照片上是典型的火星岩石。那些关于火星古代文明金字塔的照片，则完全是伪造的。

人类的火星生命探寻研究和探测器的探测结果，充分证明现今的火星没有任何生命活动的踪迹，也没有发现任何火星人活动的科学证据。

火星概况

火星和地球都是太阳系八大行星之中的行星，八大行星就像是太阳系家族的“兄弟姐妹”。它们各自自转，同时又围绕太阳公转，它们公转的平面几乎在一个平面——黄道面上。按照与太阳的距离，从近到远，太阳系的行星依次为水星、金星、地球、火星、木星、土星、天王星与海王星。距离太阳最近的四颗行星，称为类地行星，它们的共同特点是体积小、质量小、平均密度大，主要由固态的岩石物质组成，有的没有卫星，有的只有一两颗卫星。

越过小行星带，排列着四颗巨大的行星，称为巨行星或类木行星。类木行星的共同特点是体积庞大、质量大、平均密度低，它们都有众多的卫星，甚至出现小天体密集的行星环（如土星环、天王星环）。海王星外是聚集有大量小天体的柯伊伯带。

火星是类地行星，它和地球是近邻，它们之间的距离为0.6亿~4亿千米。火星的质量约为地球的11%，半径约是地

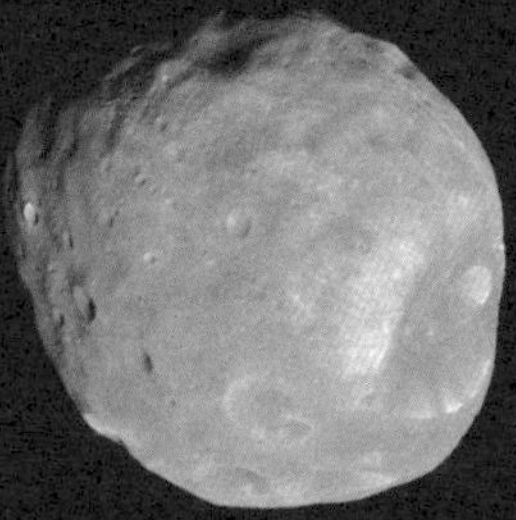

火卫一

火星

球的50%，重力约是地球的33%，火星的太阳常数（太阳辐射通量密度）是地球的43%。火星绕太阳公转的周期（一年时间）是687天，地球的公转周期是365天；火星自转轴倾斜角度为25.2°，地球自转轴倾斜角度为23.5°；火星的自转周期（一天时间）是24.66小时，地球自转周期是24小时；火星年平均温度是-63℃，地球年平均温度是15℃；火星大气的主要成分是二氧化碳，地球大气的主要成分是氮气和氧气；火星大气层稀薄，大气密度不足地球大气的1%，平均大气压不足地球表面气压的1%。上述参数表明，综合比较八大

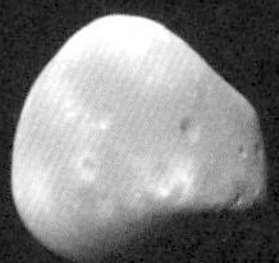

火卫二

行星，火星与地球的形态特征最为相近，我们称这两颗行星为“亲密的好姐妹”。

地球只有月球这一颗天然行星，火星则有火卫一和火卫二两颗卫星。火星的两颗卫星都是由美国天文学家阿萨夫 · 霍尔于 1877 年发现的，英文名取自古罗马神话中战神玛尔斯的儿子之名。火卫一平均直径 22 千米，离火星较近。火卫二较小，平均直径 11.5 千米。两颗卫星的外形不规则，表面布有撞击坑和坑洞。它们可能都是早期被火星俘获的小行星。

火星表面的地形高差一般为 5 米～10 千米，最大高差近 30 千米，最低点为海拉斯盆地（高程 −8.2 千米），最高点为奥林匹斯火山（高程 21.2 千米）。火星表面有多重地貌，如撞击坑、盾形火山、峡谷、冰盖、风成沙丘等。火星上以一个与火星赤道呈 30° 倾角的大圆，可将火星表面分为南、北两个半球，两个半球的地貌差异较大。南半球主要由高原组成，高原上密布古老的撞击坑，地势起伏不平。而北半球则多是年轻的火山熔岩平原，地势较为平坦。火星上遍布沙丘、砾石，没有稳定的液态水体。

奥林匹斯火山是太阳系天体上最大的火山结构，高度约是地球珠穆朗玛峰的 3 倍。奥林匹斯火山的凹槽是一个巨大的火山口，火山口直径 90 千米，深 3 千米，周壁高 6 千米。

火星上最令人震撼的是水手大峡谷系统。1972 年，美国“水手 9 号”探测器发现了这个峡谷，因此称之为“水手谷”。水手谷由数条平行相接的沟槽组成，东西向延伸长度超过 4000 千米，宽度 700 千米，平均深度 8 千米，其长度是地球上的科罗拉多大峡谷的 10 倍。地质学家认为，水手谷大约在 35 亿年前沿地质断层开始形成。

火星上的奥林匹斯火山

探测火星的发射窗口期

地球与火星围绕着太阳在不同的公转轨道运行，有时候地球和火星分别在太阳两侧，有时候地球和火星在太阳同一侧。

当火星大冲时，即太阳、地球、火星连成一条直线，地球与火星的距离最近，大约5500万千米，但此时并不是在地球上发射火星探测器的窗口期。当地球、火星距离最近时，如果发射火星探测器奔赴火星，探测器到达不了火星。

从地球发射探测器去火星，一定要在发射窗口期内发射，因为窗口期内探测器发射时燃料消耗最少，到达火星的飞行距离最合理。当火星探测器发射后，探测器以地球公转轨道的切线轨道运行，也就是著名的霍曼转移轨道飞行，探测器最终将能够与火星运行轨道相切，并被火星“俘获”。根据计算，从地球发射探测器去火星的窗口期，每26个月才有一次，窗口期的时间长度大约20天，探测器需飞行6～8个月，各国都必须赶在窗口期发射火星探测器。

2020年，阿联酋、中国和美国在发射窗口期先后发射了探测器飞向火星，发射时间分别是7月20日、7月23日和7月30日；探测器到达火星并被火星“俘获”的时间分别是2021年2月9日、2月10日和2月19日；到达火星的飞行时间分别是204天、208天和215天，大约7个月。

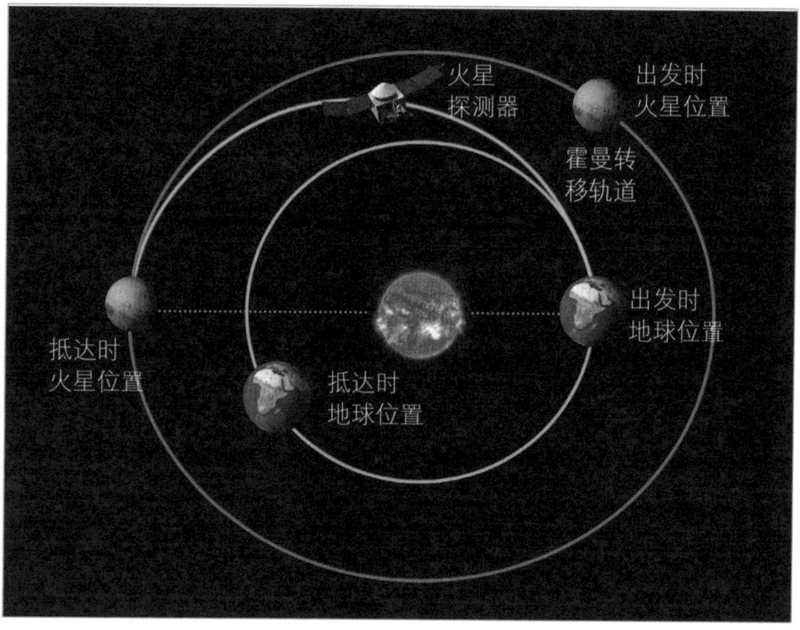

火星探测霍曼转移轨迹示意图

科学家给孩子的12封信

第10封信

向星辰大海挺进

火星生命探寻

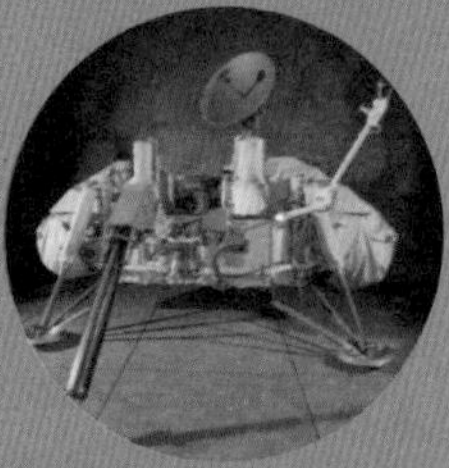

- 火星探测进展
- 火星生命探寻
- 火星陨石立奇功
- 提森特火星陨石

你相信火星上有外星人吗？和你一样，科学家们也对火星生命充满好奇。人类火星生命活动信息的探寻，经历了直接探寻火星生命活动信息、跟踪液态水探寻火星生命活动信息、跟随火星大气层甲烷的浓度变化探寻生命活动信息三个阶段。然而，半个多世纪的探寻仍没有取得可信的科学证据。

火星探测进展

1957年，苏联发射了第一颗人造地球卫星，拉开了人类空间时代的帷幕。1958年，苏联和美国为了争夺空间霸权，展开了激烈的月球探测竞赛。1960年，苏联和美国开始探测火星。1960年10月10日，苏联发射“火星1960A号”火星掠飞探测器。1961年，苏联率先探测金星，但遭遇失败。1962年，美国紧随其后探测金星，将“水手2号”成功送入金星轨道。1969年，美国“阿波罗11号”实现了载人登月……半个多世纪以来，人类一直试图离开自己的摇篮——地球，向遥远的太阳系各层次天体进发。

人类的火星探测经历了发展初期（20世纪60～70年代）、停滞期（20世纪70年代后期至90年代初）和高速发展期（1996年至今）三个阶段。迄今为止，世界各国的火星探测总计51次，成功率超过50%。

随着人类空间探测的深入，火星探测器类型也不断丰富，技术日益精进。探测初期，人类主要发射了火星轨道器绕火星运行，开展区域性或全球性的地形地貌、表层土壤和岩石成分、表面气候环境特征和火星磁场等探测；后来逐步进展到发射火星着陆器，开展火星表面的就位探测，重点探测火星大气成分、区域性气候变化、当地的土壤与岩石成分、生命物质探寻与生命活动试验等；后期主要发射火星巡视器——火星车，探测巡视线路附近的地形地貌、土壤与岩石的化学和矿物成分、岩石类型、火星岩石有机成分分析和火星内部结构等，并与轨道器的探测相结合，进行火星内部物理场、电离层等的探测。

60 多年来，火星探测器传回了大量照片和探测数据，极大地丰富和深化了人类对火星的认知。人类尤其在火星磁层、电离层和大气层的成分与结构，全球地形、表面物质成分、地质构造、地壳结构和内部物理场，火星表面水冰的分布与地下水体的埋藏及活动等方面的研究取得了巨大的成就。

人类的火星探测积累了极其丰富的探测数据和研究成果，火星地形图、各类岩石分布图、地质图、地质构造图、地质演化历史图、火星内部结构图，以及火星空间层圈图等系统图件逐步被编制出来；有的科学家还出版了关于火星各类重大科学问题的专著，为如何将火星从一个红色星球改造为一个“蓝色星球”提供了更多科学依据。

火星生命探寻

火星生命活动信息的探测始终是火星探测的第一目标，也是人类对火星探测寄予极大期望的首要关注焦点。

寻找地外生命是人类开展深空科学探测的出发点之一。地外生命探测将为破解生命起源的难题打开新的突破口，极大地丰富人类对生命的基本认识，也将为地球生命的起源与太阳系早期演化等重大科学问题提供新的科学论据。

行星系统的“宜居带”理论为我们探寻地外生命提供了新的启示。根据行星与中心恒星的距离，以及中心恒星的质量，在理论上科学家可以估算出任何一个行星系统的生命宜居范围。如果母恒星的质量过大，寿命比较短，行星不足以演化出比较复杂的生命；母恒星的质量过小，行星距离恒星过近，生存条件险恶，恒星的引潮效应致使行星一面朝向太阳，导致行星一面温度极高，另一面温度极低，生命亦难以生存和繁衍。

太阳属于主序星系列，生命周期大约 100 亿年，现在的太阳约50亿岁，正值“壮年”。地球与火星等行星的年龄约46亿年。地球诞生后8亿年才出现简单的生命类型，后期才逐步繁衍出数百万种生物物种。

在太阳系的行星系统中，唯有地球位于太阳系的“宜居带”内，火星最接近太阳系的“宜居带”。因此，除了地球，火星是太阳系中最可能存在生命的行星，火星上是否存在或曾经存在过生命一直是科学界的热门话题。

1975年8月20日和9月9日，美国分别发射了“海盗1号”和“海盗2号”软着陆火星的探测器。“海盗1号”是第一个成功着陆火星并对火星样品开展生命检测的探测器。基于对地球生命新陈代谢活动的认识，科学家进行了气体交换实

太阳系宜居带示意图

太空名片

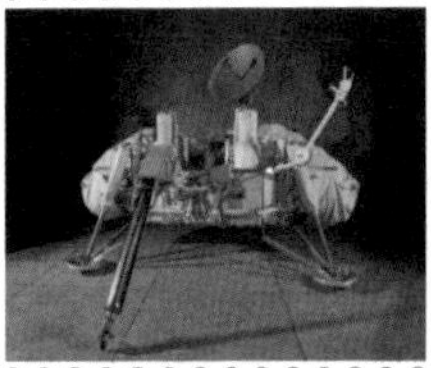

“海盗 1 号”火星探测器

发射国家：美国

发射日期：1975 年 8 月 20 日

着陆日期：1976 年 7 月 20 日

着陆地点：火星克律塞平原

验、碳 –14 同位素示踪和碳同位素比值分析，以检测火星是否存在生命。“海盗 1 号”着陆器进行的生物实验，是人类首次在地外天体上直接开展生命探测的实验，三项生物实验均未获得火星存在生命的确凿证据。

“海盗 1 号”和“海盗 2 号”生物实验结果凸显了我们对地球与地外生命的研究不够透彻，特别是还缺少对火星环境特征的基本认识。地球上生命存在的关键因素是液态水，水是生命之源与生存之本。因此，之后有关火星生命的探测开始针对火星上的液态水和火星表面的生态环境，从这两点着手分析火星上过去和现在是否存在生命繁衍的条件。

特别是从 1996 年的“火星全球勘探者”到 2008 年的“凤凰号”，探测器利用高分辨成像、光谱、质谱、微波雷达、中子分析等多种探测手段，获得了火星上被河流侵蚀的地貌、古湖泊和河流沉积物、水成矿物、浅表层水冰分布、极地冰盖、大气中水蒸气组分等一系列反映火星上有水的证据。这些发现暗示了火星过去或现在存在适宜生命繁衍的环境特征。

火星有稀薄的磁层、电离层和大气层，火星表面的大气压不足地球的1%。火星大气由95.3%的二氧化碳、2.7%的氮气、1.6%的氩和其他微量气体组成，水蒸气的含量在夜晚接近饱和。火星的年平均温度大约是−63℃，低温使大气的主要组分二氧化碳冻结成白色沉积物“干冰”，火星两极被二氧化碳干冰和水冰组成的白色冰帽覆盖。由于极冠的季节性变化，

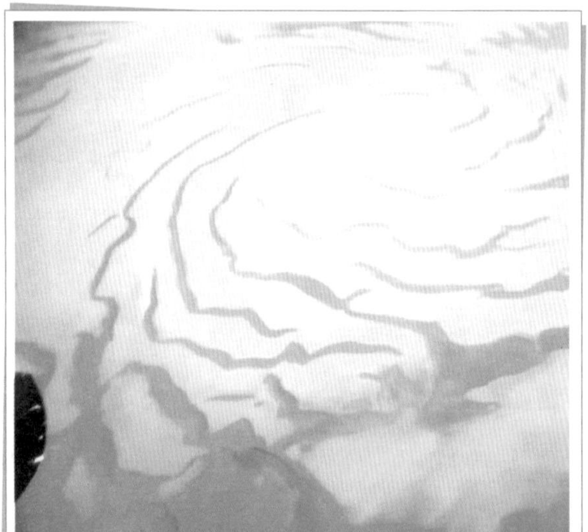

“天问一号”探测器拍摄的火星北极冰盖

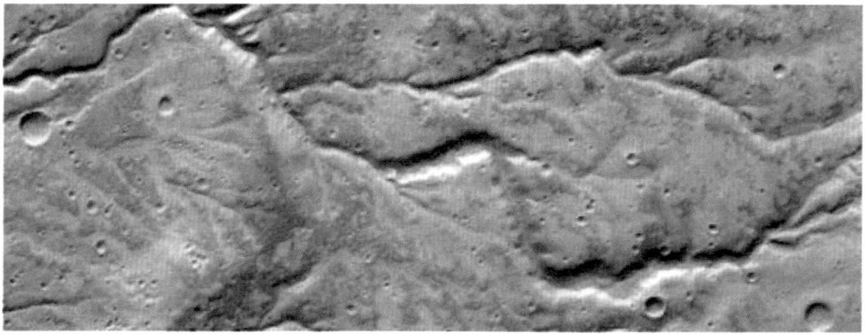

火星沃里戈峡谷群附近的干枯河道

表面总气压波动幅度达30%，因而火星表面的大气压随季节发生变化。

火星表面没有液态水的汇集和水体的活动，却可分辨出三种不同类型的干枯河道：侵蚀河道、径流河道和溢流河道，还可分辨出湖泊和北半球的海洋盆地。河谷、湖泊和海洋系统的发育表明火星历史上的早期气候可能较为温暖潮湿，有过大量水体的活动。根据不同研究者的模型计算，火星曾经有过水体，大约可以覆盖全部火星表面，并深达100米。火星地下水探测的成果还表明，火星蕴藏有丰富的地下水，地下水成为地下埋藏的冰层。这些研究表明火星曾经具有可能维持生命的环境。

直接探测火星的生命活动，以及跟随液态水活动探寻火星生命的信息，都没有取得可信的科学证据，没有发现任何生命活动的踪迹。

近20年来，火星轨道器和火星车巡视探测活动，基本揭示了火星过去和现在的环境特征。40亿年来，水对火星表面形态及表面环境的形成产生了重要影响。然而，适于生命存在和繁衍的环境不仅只有液态水，还需有支持生命新陈代谢的有机碳和能量来源。

2004年，三项独立的研究相继揭示了火星大气中存在甲烷，甲烷的浓度为十亿分之七。甲烷是最简单的碳氢化合物，由于地球上90%～95%的甲烷都是生物成因，火星大气中含有微量甲烷，而且目前仍然存在甲烷生成的过程，这便又引起了人们对火星生命的猜测。

甲烷是一种不稳定的气体，通常仅能在大气中保存300～400年。大气中的微量甲烷暗示了火星上目前仍有活跃的甲烷生成过程。目前科学家推测火星大气中的甲烷成因可能有四种：火星内部地质作用形成，如火山活动；由陨石、彗星、小行星、星际介质等火星之外物质带入；火星超基性岩的水热反应形成；甲烷菌等生物成因。当前有限的探测和观测数据还不能揭示火星大气中的微量甲烷是怎样形成的。要确证甲烷是生物成因的，需要精确测定火星大气中极微量甲烷气体的碳同位素组成具有富轻的碳同位素特征。

2012年，在火星着陆的“好奇号”火星车，以探测火星表面可能存在生命或曾有过生命，及生命的宜居环境为主要科学目标，这标志着美国火星生命的探测战略从找水到寻找生命及生命遗迹的转变。

“好奇号”火星车在火星表面开展探测。

火星陨石立奇功

从火星降落到地球表面的火星陨石（火星岩石）一共发现有 200 多块，是人类在地球上唯一能得到的火星表面岩石。利用地面实验室的各种高精尖分析仪器，人类可以对火星陨石样品进行非常详尽的研究，得到各种实验分析证据。火星陨石提供了化学成分、矿物组成、岩石类型、火山与岩浆活动、大气运动、水体活动、空间与表面环境、火星的形成与演化历史等相关的大量科学信息，能为火星可能有过生命提供实物证据。

ALH84001 火星陨石是一块可能携带火星古生命化石的陨石，这块陨石大约形成于 26 亿年前。约在 1.5 亿年前火星可能曾受到一次小天体的撞击，一部分撞击靶区的岩石以大于火星逃逸的速度被溅射出火星，导致大量的撞击碎块在行星际空间运行。大约在 1.3 万年前，其中的一块碎块坠落在地球南极阿仑山地区的冰盖里。1984 年，美国南极考察队在这里找到了这块火星陨石。

科学家在高分辨率电子显微镜下观察ALH84001火星陨石，发现陨石里有大量的蠕虫状结构，这是由一些碳酸盐、磁铁矿和黄铁矿的微细晶体组成的。

2009年11月30日，美国国家航空航天局发布消息称，他们对ALH84001火星陨石做出的最新分析显示，这块陨石中约25%的部分是由古细菌化石形成。这一结论提供了火星曾存在生命的最有力证据。

从2009年至今，关于ALH84001火星陨石中存在“古细菌化石”的推论，一直遭到科学界的广泛质疑。持反对意见的科学家认为，类似细菌形态微结构属于非生命成因，即由火星地质过程形成或由于地球南极冰水曾遭污染，陨石中的多环芳

ALH84001 火星陨石

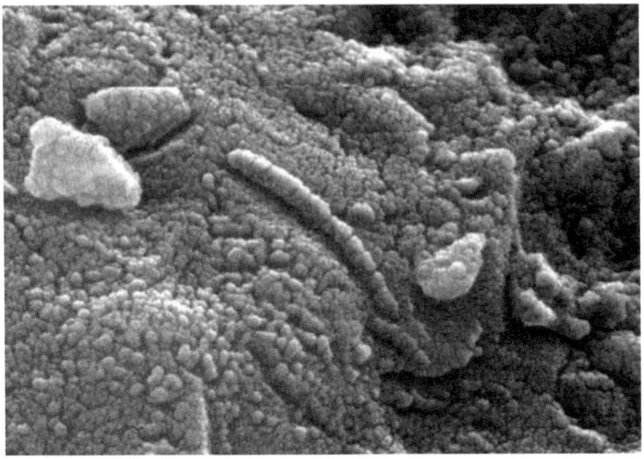

电子显微镜下的 ALH84001 火星陨石“古细菌化石”

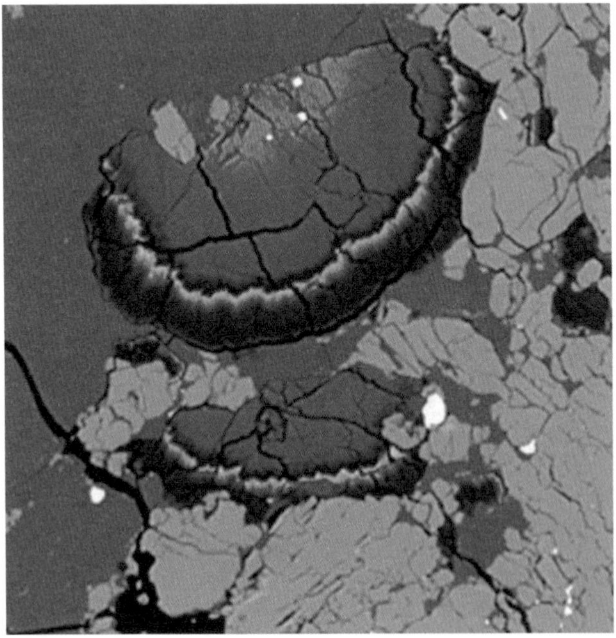

电子显微镜下的 ALH84001 火星陨石“古细菌化石”截面

烃等有机物也不是生物成因的，而是非生物过程形成。目前，对 ALH84001 火星陨石的成因仍没有定论。

后来，科学家在其他火星陨石中也发现了各种形态的“微生物结构”，如在南极亚玛托地区找到的 Y000593 火星陨石和在埃及找到的 Nakhla 火星陨石。

中国南极考察队在南极中山站附近的格罗夫山地区找到了两块火星陨石 GRV020090 和 GRF99027。科学家对 GRV020090 火星陨石进行研究，证明火星约在 2 亿年前还存在地下水的活动，这为生命提供了重要的发育生存条件；火星大气水的氢同位素组成非常富氘，是地球海洋水的 7 倍，说明火星曾有极为大量的水逃逸。这一结果也被“好奇号”对火星土壤的氢同位素分析所证实。

提森特火星陨石

提森特（Tissint）火星陨石于2011年7月降落在摩洛哥的沙漠中，很快就被人类收集到。这块陨石是迄今为止最“新鲜”的火星岩石样品，也是受到地球污染和风化影响最小的火星陨石，降落到地球后保存得很好，外表的熔壳非常完整。

2012年4月~2013年12月，中国科学院地质与地球物理研究所林杨挺研究员的研究团队，利用激光拉曼谱仪和纳米离子探针，对提森特火星陨石开展了系统的精细分析测试与研究。他们发现了火星陨石中的碳颗粒，并证明这些碳来自火星的有机质，进而测定出它们由典型的、具有生物成因特征的、富轻的碳同位素组成。

2013年3月，林杨挺研究团队在美国休斯敦召开的“月球与行星科学讨论会”上做了报告，宣布研究人员在提森特火星陨石中发现了具有生物成因特征的碳颗粒，表明火星可能有过生命。2014年12月1日，林杨挺团队在《陨石学与行星科学》

上正式发表了这篇重要论文，对火星可能有过生命给出了迄今为止最鼓舞人心的科学论据。2014 年 12 月 16 日，美国国家航空航天局宣布，“好奇号”火星车在火星的岩石样品里探测到有机成因的碳，印证了中国学者的研究成果。

林杨挺研究团队在提森特火星陨石中发现了几微米大小的碳颗粒，通过激光拉曼分析得到的光谱特征与煤的光谱特征很相似。他们还利用纳米离子探针，分析了氢、碳、氮、氧、磷、硫、氯、氟等元素，以及氢、氮和碳的同位素组成，得到的结果进一步证实这些碳颗粒是来自与煤相似的有机质。

小行星撞击火星时的高温高压，使火星岩石熔融冷却后形成了黑色玻璃物质。
火星岩石高速冲进地球大气层，熔融形成了陨石残留熔壳。

这是提森特火星陨石的一部分，表面是陨石内部新鲜的火星岩石。

提森特陨石非常“新鲜”，因此受到地球污染的机会很小。为了确证这些有机质来自火星本身，研究团队利用纳米离子探针分析了氢及其稳定同位素氘的比值（D/H）。分析结果表明，这些有机质的氢同位素组成完全不同于地球上的有机质，具有富氘的典型火星物质特征，因此可以确定它们来自火星，并没有被地球物质污染。

碳的同位素组成是指示含碳物质是否为生物成因的关键证据。生物作用一方面会造成明显的同位素组成变化，即同位素分馏；另一方面，这种变化向富轻的同位素方向发展。因此，沉积岩中的有机质、石油、煤等地球有机质的碳同位素组成与海相碳酸盐、大气二氧化碳、地幔等其他含碳物质相比，具有明显富轻的碳同位素特征。研究团队同样利用纳米离子探针对火星陨石中的碳颗粒进行了精确的碳同位素组成分析。结果表明，相对于火星大气的二氧化碳和火星上的碳酸盐而言，陨石碳颗粒的更富集轻的碳同位素，与地球上的情形非常类似。火星陨石中碳颗粒的碳同位素组成，与地球沉积岩中的有机质、煤和石油的碳同位素组成，都具有富轻的碳同位素组成特征。这也是迄今为止所有研究报告中能够证明火星上可能有过生命活动的最有力证据。

跌宕起伏的火星生命探测历程，已经展示出鼓舞人心的前景。最终要确证火星现在有生命活动或火星曾有生命，可能需要通过从火星上采回样品，或者在火星表面的沉积岩中直接发现火星的古生物化石来证实。火星生命的探测任重道远，人类的探索精神和追求将鼓舞我们继续勇往直前。

科学家给孩子的12封信

第11封信

向星辰大海挺进

中国火星探测

- 『天问一号』探测任务
- 『天问一号』探测器
- 『萤火一号』探测卫星

中国行星探测任务命名为“天问系列”，首次火星探测任务命名为“天问一号”。你知道这名字的出处吗？古代诗人屈原通过长诗《天问》，对天地、自然和人世等一切事物现象发问。今天，我们的火星探测任务以“天问”为名，是为了继承追求真理的文化精神。

“萤火一号”探测卫星

2007年，“嫦娥一号”月球探测器成功发射后不久，探月工程总设计师孙家栋院士和我提议，接下来进行火星探测研究，我完全赞同和支持他的设想，并且很敬佩孙家栋院士的开阔胸怀和远见卓识。

我们当时商议，有三个领域需要充分研究和论证：第一，现有火箭的运载能力能不能直接将火星探测器送入地－火的转移轨道；第二，测控通信的设施能力能不能完成4亿千米距离的测控通信任务；第三，要在火星上开展哪些科学探测，探测仪器的研制和技术要求需要有哪些新突破。我们很快找到工程副总师、运载火箭系统总设计师龙乐豪院士和测控系统总设计师商量，请他们组织队伍进行论证。科学探测目标、科学仪器研制与技术指标由我组织队伍论证。根据对火星2011年发射窗口期的计算，我们认为有足够的时间做好各项准备。

2007年6月，中国和俄罗斯签订了航天合作协议，计划

2009 年 7 月俄罗斯发射“福布斯－土壤号”采样返回器（“福布斯”是火卫一的别称），“福布斯－土壤号”要搭载中国的火星探测卫星“萤火一号”。到达火星上空之后，中国的“萤火一号”与“福布斯－土壤号”分离。“萤火一号”探测火星，“福布斯－土壤号”飞向火卫一取样并返回地球。

我认真研究了俄罗斯“福布斯－土壤号”的任务与实施过程，深感这是一项有重大创新意义的科学探测计划。同时我也了解到，搭载的中国火星探测器“萤火一号”的工作环境与条件，难以实现中国设想的火星探测科学目标，也做不出有创新意义的重大探测成果。我召开了两次协商会议，提出了 8 项具体改进建议。但俄罗斯航天部门答复，原有条件不能做任何改变。

我仅举一个关于“萤火一号”的运行探测轨道的例子。由于“萤火一号”是搭载在“福布斯－土壤号”上的探测器，它们将一起从地面发射，到共同进入绕火星运行轨道时，“福布斯－土壤号”将立即释放“萤火一号”，“萤火一号”与“福布斯－土壤号”分离。“福布斯－土壤号”变轨奔向火卫一，“萤火一号”继续绕火星运行。“萤火一号”没有任何变轨能力，只能以扁长椭圆轨道运行。“萤火一号”远火星点高度 80000 千米，近火星点高度 800 千米，比火星电离层顶还要高 400 千米，探测器在轨道运行的绝大部分时间远离火星。由于运行距离太远，拍摄和探测火星表面将很难有好的效果。“萤火一号”轨道平面倾角为21°～35°，使“萤火一号”只能拍摄和探测火星赤道附近区域，即只能探测火星的“腰带”附近，难以清晰窥见火星的全貌。并且，由于“萤火一号”的重量受到严格限制，它仅能携带小天线，传输数据能力较差，无法传输清晰图片和大量探测数据。

2009年7月，由于准备工作不足，俄罗斯宣布“福布斯－土壤号”更改到下一个火星发射窗口期发射，即2011年11月发射。2011年11月9日，搭载有中国“萤火一号”的“福布斯－土壤号”成功发射升空。遗憾的是，由于途中变轨失败，“福布斯－土壤号”和“萤火一号”坠落到地球大气层中，完全被烧毁。

在此之前，我们的自主火星探测计划已再次被提上日程，国防科工局于2010年开始组织更全面、更细致的论证工作，并于2014年9月对外宣布，正式启动中国首次火星探测工程的预先研究和关键技术的攻关工作。2016年1月，中国首次火星探测工程的综合立项报告获得国家批准，标志着中国首次火星探测工程正式实施。中国首次火星探测任务于2020年实施。我认为，这是中国首次自主火星探测。

“天问一号”探测器

火星是离地球较近且与地球环境最为相似的星球，火星已成为月球之外人类探测的首选目标。按照“一步实现绕、落、巡，二步完成取样回”的发展思路，火星探测器（包括环绕器、着陆平台、火星巡视器）于 2020 年 7 月发射升空。

2020 年 7 月 23 日，“天问一号”探测器在文昌航天发射场，由“长征五号”火箭成功发射，直接发射至地 - 火转移轨道。随后在地面测控系统的支持下，通过 1 次轨道机动和 4 次中途修正，探测器在近火星点实施制动。“天问一号”于 2021 年 2 月 10 日被火星“俘获”，进入环绕火星的椭圆轨道运行。

2021 年 5 月 15 日，“天问一号”运行到选定的进入窗口，探测器进行降轨控制与停泊，释放着陆平台着陆火星表面。火星轨道器（即火星探测卫星）继续绕火星运行，经过多次变轨，进入环绕火星的工作轨道，开展全球性与综合性的科学探测。

被释放的着陆平台进入火星大气层后，通过气动减速、伞降减速和动力减速等实现软着陆火星表面。火星巡视器与着陆平台分离，巡视器（火星车）从着陆平台平稳走向火星表面，对着陆区进行精细巡视勘测。

“天问一号”的探测任务包括环绕器的全球性、综合性探测，巡视器的区域精细勘测，以及全球性与区域性探测相结合的联合探测；环绕器还将为巡视器提供中继通信链路。中国现成为第二个实现在火星表面开展巡视探测的国家。中国首次自主火星探测技术能力的突破与提高，以及技术特色的形成，将为我国今后的深空探测奠定坚实的基础。

2021 年 5 月 15 日，“天问一号”的环绕器与着陆巡视组合体在火星上空分离。

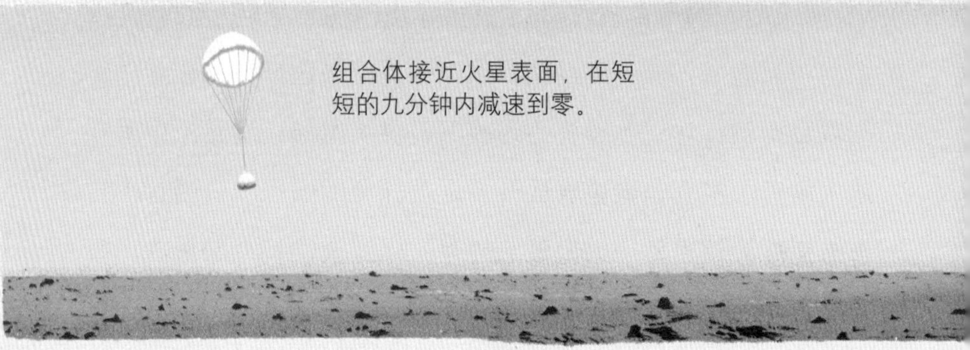
组合体接近火星表面，在短短的九分钟内减速到零。

7 时 18 分，组合体成功着陆于火星乌托邦平原南部。

“祝融号”火星车驶离着陆平台，开始火星表面巡视探测。

“天问一号”探测任务

围绕人类对火星的已有认识，及当前存在的一些重大科学问题，同时为了深化对火星形成与演化过程的认识，结合中国空间探测的技术能力，中国火星探测工程总体提出了2020年发射“天问一号”火星探测器的五项科学目标。

第一，研究火星形貌与地质构造特征及其变化。探测火星全球地形地貌特征，获取典型地区的高精度形貌数据，开展火星地质构造成因和演化历史研究。第二，研究火星表面土壤特征与水冰分布。探测火星土壤种类、风化沉积特征和全球分布，搜寻水冰信息，开展火星土壤剖面分层结构研究。第三，研究火星表面物质组成。探测火星表面各类岩石的化学成分、矿物组成与岩石类型及其分布特征，探查火星表面次生矿物的化学组成、分布特征与形成环境。第四，研究火星大气层、电离层及表面气候变化与环境特征。探测火星空间环境和火星表面气温、气压、风场，以及天气季节性变化规律

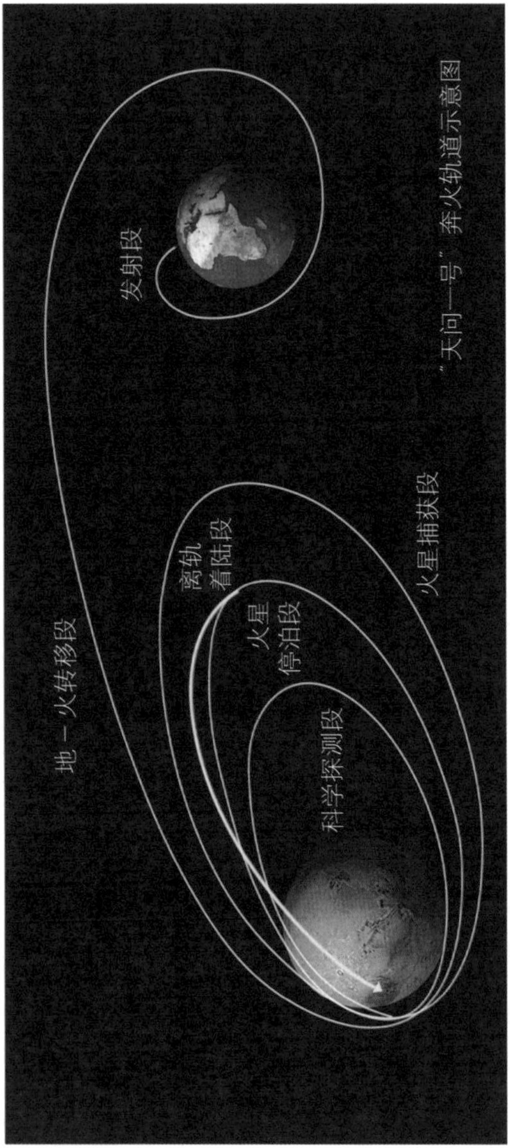

“天问一号”奔火轨道示意图

研究。探测火星的电离层结构和成因研究。第五，研究火星物理场与内部结构。探测火星磁场特性，开展火星早期地质演化历史及火星内部质量分布和重力场研究。

“天问一号”轨道器和巡视器分别具有全球性探测优势与区域性勘测优势，为了发挥这两种探测方式的不同优势，针对科学目标的要求，我们为它们配置了不同的探测仪器，前者有7台，后者有6台。

2021 年 8 月 15 日，“祝融号”火星车在完成了 90 个火星日的既定探测任务后继续实施拓展任务，目前处于休眠期。至 2022 年 6 月 29 日，环绕器实现了全球遥感探测。目前它状态良好，继续在遥感使命轨道上开展科学探测，积累原始数据。

中国首次火星探测任务目标已圆满完成。到 2023 年 4 月 24 日，“天问一号”任务携带的 13 台有效载荷累计获取原始科学数据 1800GB，形成了标准数据产品。科学研究团队通过对一手科学数据的研究，已取得了一批原创性科学成果。

2023 年 4 月 24 日，国家航天局和中国科学院联合发布了

“天问一号”轨道器探测科学任务	
探测科学任务	探测仪器配置（7种）
火星大气电离层分析及行星际环境探测	火星磁强计
	火星离子与中性粒子分析仪
	火星能量粒子分析仪
火星表面和地下水冰的探测	环绕器次表层探测雷达
火星土壤类型分布和结构探测	环绕器次表层探测雷达
	火星矿物光谱分析仪
	中分辨率相机
火星地形地貌特征及其变化探测	中分辨率相机
	高分辨率相机
火星表面物质成分的调查和分析	火星矿物光谱分析仪

“天问一号”巡视器探测任务	
探测科学任务	探测仪器配置（6 种）
火星巡视区形貌探测	导航地形相机
火星巡视区表面元素、矿物和岩石类型探测	多光谱相机
	火星表面成分探测仪
火星巡视区土壤结构（剖面）探测和水冰探查	次表层探测雷达
火星巡视区大气物理特征与表面环境探测	火星表面磁场探测仪
	火星气象测量仪

中国首次火星探测火星全球影像图，空间分辨率为 76 米，它为开展火星探测工程和火星科学研究提供了质量更好的基础底图。这是地面应用系统对环绕器中分辨率相机获取的 14757 幅影像数据进行处理后得到的火星全球彩色影像图。科学研究团队通过它识别了着陆点附近大量的地理实体。国际天文学联合会根据相关规则，将其中的 22 个地理实体，以中国人口数小于 10 万的历史文化名村名镇命名，如西柏坡、杨柳青、周庄等。

中国首次火星探测火星全球影像图

科学家给孩子的12封信

第12封信

向星辰大海挺进

太阳系探测

- 太空资源开发利用
- 中国太阳系探测初步设想
- 向太阳系的星辰大海挺进

在 2035 年以前，中国将实施火星探测与火星采样返回，近地小行星与小行星带的小行星探测和彗星探测及其采样返回，木星与木星的卫星系统探测，以及太阳系行星际空间穿越探测，未来我们还会继续向太阳系的星辰大海挺进。亲爱的青少年朋友，祝福你们仰望星空，脚踏实地，上下求索，践行理想，为中华民族伟大复兴，为把中国建成伟大的社会主义现代化强国，奋斗终生！

向太阳系的星辰大海挺进

半个多世纪以来，人类持续开展了水星、金星、火星、木星、土星、天王星、海王星、矮行星、小行星、彗星和太阳系行星际空间的穿越探测。美国于1977年发射的“旅行者1号”已经飞离地球大约200亿千米，却只飞行了太阳系半径千分之一的距离。

根据各种版本的天文学百科全书和天文学教程，太阳系的半径为10万～20万个天文单位。天文单位是指地球与太阳的平均距离，约1.5亿千米。你可以计算一下，即太阳系的半径为15万亿～30万亿千米。在银河系中，太阳与邻近的恒星比邻星的距离是4.2光年，大约40万亿千米。根据人类当前的航天技术，探测器以第三宇宙速度飞行，飞出太阳系大约需要3万年。

人类一直在尝试离开自己的摇篮——地球，持续向遥远的深空探索，向太阳系的星辰大海挺进。

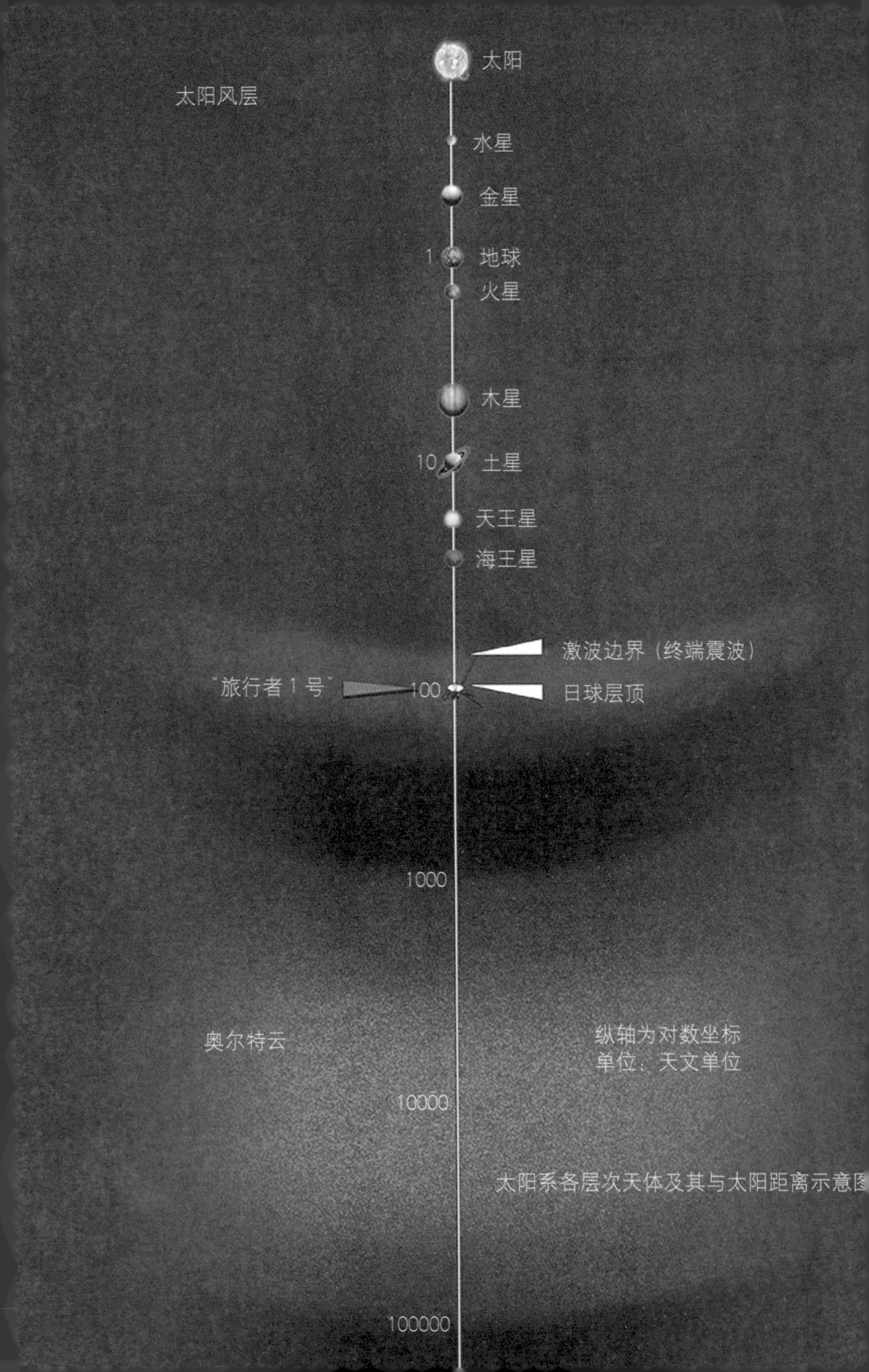

太阳系各层次天体及其与太阳距离示意图

由于基础薄弱，中国的太阳系探测起步较晚。1970 年，中国发射了“东方红一号”人造地球卫星，后来在卫星应用和载人航天等领域取得飞速发展和傲人成就，并在此基础上实施了以“绕、落、回”为主线的月球探测工程。自 2007 年以来，中国已成功发射了“嫦娥一号”“嫦娥二号”“嫦娥三号”“嫦娥四号”和“嫦娥五号”，取得了一系列重大的、创新性的科学探测成果。

太空名片

“东方红一号”人造地球卫星

发射国家：中国

发射时期：1970 年 4 月 24 日

发射质量：173 千克

运行时间：28 天

月球探测是起点，火星探测是重点，小行星探测是热点，木星与木星的卫星系统探测是亮点。中国已经进入深空探测的新阶段。

中国太阳系探测初步设想

围绕太阳系的起源、演化、现状与未来的探测及研究，小天体活动和太阳爆发对地球的影响与规避，地外生命信息探寻和太空资源、能源与环境的开发利用等重大科学问题，未来10年中国将开展太阳系的类地行星、巨行星、小天体和行星际空间穿越探测。这一系列探测工程将有望突破深空探测共性核心技术，引领智能化、信息化技术的发展，打造探测太阳系的工程能力，形成探测太阳系各层次天体的技术基础；也将带动我国空间探测相关学科的进步，培育提出和解决重大科学问题的能力，从而进一步加深我国对太阳系的认识，提升深度进入太阳系空间和开展开发利用太阳系空间资源、能源和环境的能力，为人类社会的持续发展做出中华民族的重大贡献。

根据无人月球探测的“绕、落、回”发展战略，“嫦娥五号”着陆月球正面风暴洋西北部新区，采集具有重大科学意义的岩石、土壤样品，返回地球。科学家正在开展系统性和创新性的分析、测试、研究，这对理清月球演化、岩浆活动、环境变化具有重大科学意义。“嫦娥六号”将着陆月球背面采样返回。

在完成“绕、落、回”无人月球探测阶段后，中国将于2030年前建立“月球科研站（基本型）”，攻克科研站关键技术，提升月面科学考察和资源应用试验研究能力，使科研站逐步形成配套齐全、功能多样的月面科学考察和资源利用试验基地。

中国于2020年实施首次自主火星探测，2030年前将完成火星采样返回。人类已经在地球上发现了270多块火星陨石，通过研究火星陨石的化学成分、矿物组成、岩石类型、结构构造、生命物质和生命存在形态、岩浆与火山活动、形成年龄，科学家可以为火星演化过程中的重大事件提供重要科学证据。但是，如果不知道火星陨石的原产地，人类将难以了解火星不同区域的演化过程。因此，科学家希望实现火星采样返回。

中国在实现“嫦娥五号”月球采样返回及2021年火星探测的基础上，将开展火星采样返回。预计火星采样返回的过程大致包括两大阶段：其一，火星着陆组合体发射，着陆在预先选定的火星着陆点，进行自动钻孔钻取岩芯，利用电铲铲取火星土壤样品，封装后保存在样品返回舱内。上升器携带返回舱离开火星表面。其二，绕火星运行的轨道器组合体发射，轨道器在绕火星运行过程中，与携带样品返回舱的上升器交会对接，轨道器携带返回舱进入地－火转移轨道。到达地球上空后，轨道器分离返回舱，返回舱再进入地球大气层，软着陆地面。火星样品到达地面，被分装后，供各实验室开展分析、测试与研究。

小行星探测是当代深空探测的热点。小行星是研究太阳星云内物质的分馏凝聚过程与分布、行星形成时原始化学组成差异和太阳系平均化学成分的“活化石”。小行星的内部结构和轨道演变研究，可为制定缓解小行星撞击地球威胁的策略提供重要依据。

中国的小行星探测将实施一次发射任务，实现对近地小行星的绕飞、伴飞、附着探测和取样返回，再飞到小行星带，探测小行星带内稀少的彗星。

中国的近地小行星探测任务，已经选定探测 2016HO3 近地小行星，这是一颗新近发现的地球准卫星。小行星探测器将探测 2016HO3 近地小行星的形貌、表面物质组分、内部结构，获取小行星样品背景信息；测定 2016HO3 近地小行星的轨道参数、自转参数、形状大小和热辐射等物理参数，研究地球准卫星的轨道起源与动力学演化。然后，探测器将附着在小行星表面进行取样，样品返回舱由小行星探测器携带返回。

中国选定的小行星带内探测目标是 133P 彗星，将测定小行星主带里彗星的轨道参数、自转参数、形状大小和热辐射物理参数，研究主带彗星的轨道起源及其动力学演化；将探测小行星带内 133P 彗星的形貌、表面物质组分、内部结构、空间环境，以及可能的水和有机物等信息，获取太阳系早期演化信息，以备研究小行星带内彗星的形成和演化、气体活动机制，为太阳系的起源与演化探究提供重要线索。

木星是太阳系质量和体积最大的行星，已确认的木星卫星有 95 颗。人类的木星探测，将通过两次地球借力和一次金星借力实现，木星探测器大约需飞行 6 年，才能到达木星开展环绕探测。环绕木星探测的任务，包括探测木星极光的多波段光谱特性，以及木星大气的成分和结构变化。随后探测器将飞往木卫二，实施环绕探测，探测木卫二空间环境、表面特征和内部结构，探究可能存在生命的重大科学问题。

在实施这些任务时，探测器实际上已经经历了从金星到

太空名片

木星

直径：143000 千米

距太阳平均距离：7.8 亿千米

一日的时长：9 时 50 分 ~ 9 时 56 分

一年的时长：约 4330 个地球日

木星之间的行星际空间和木星系空间的穿越探测。探测器将探测行星际空间的太阳风和磁场特征，探测木星系空间的磁场强度、等离子体和粒子分布。

为完成这些任务，中国首先要突破“远距离、长寿命、新能源、自主管控”等相关技术，这将有力地推动中国探测太阳系星辰大海的航天技术发展。

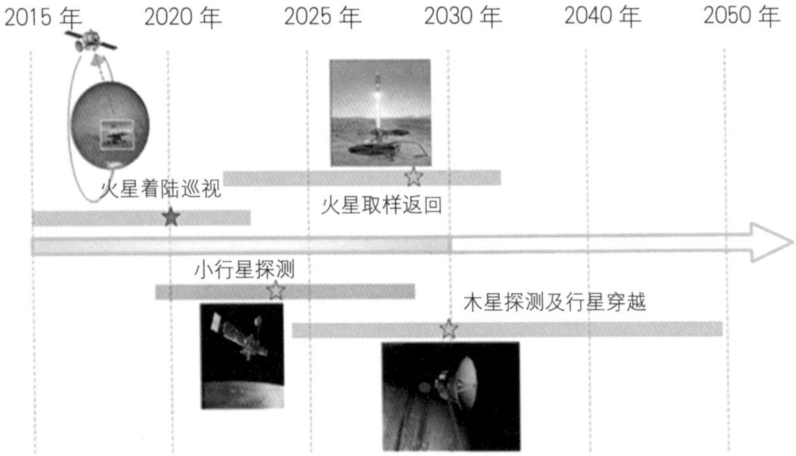

中国的火星、小行星、木星系与太阳系行星际探测的设想示意图

太空资源开发利用

当前国际太空资源的“淘金竞赛”已经开始。2015 年，美国国会通过了《美国商业太空发射竞争法案》，鼓励美国私人企业进行太空资源开发。2016 年，卢森堡出台了《太空资源开发与利用法》，保障私人企业开采太空资源的权利，即谁开采，物质就归谁。中国航天科技集团公司已向媒体宣布，中国将在 21 世纪中叶建立“地 – 月空间经济区”，开发利用月球和其他太空资源，预计每年的产值将达 10 万亿美元。

太空资源一般分为矿产资源、能源和环境资源三种类型，对其开发利用，将支持人类社会的持续发展。

首先，矿产资源能否实现利用，需根据资源的品位、储量、产状和开发技术条件进行评估，如人类对小行星的贵金属与特种金属，以及月球克里普矿物中的稀土元素、铀和钍等的开采利用。美国计划开采小行星灵神星，其中铂族元素等贵金属的产值相当于全球各国国内生产总值的总和。

其次，在能源方面，月球表面太阳能发电可供月球基地和地球上人类社会永续利用。人类设想可在月球赤道建设一条太阳能发电板，由机器人利用月球土壤通过 3D 打印制造并铺设而成，发电板长 11000 千米，宽 400 千米。太阳能发电向地球传输已没有技术难题，如果此项应用实现，人类的子孙万代将不再需要其他能源。“嫦娥一号”对月球表层月壤中氦 -3 含量与分布的探测表明，月球表层月壤中氦 -3 的资源总量超过 100 万吨，如果能够实现氘和氦 -3 核聚变发电，月球的氦 -3

氘 + 氦 -3 →质子 + 氦 -4+18.4 兆电子伏特能量

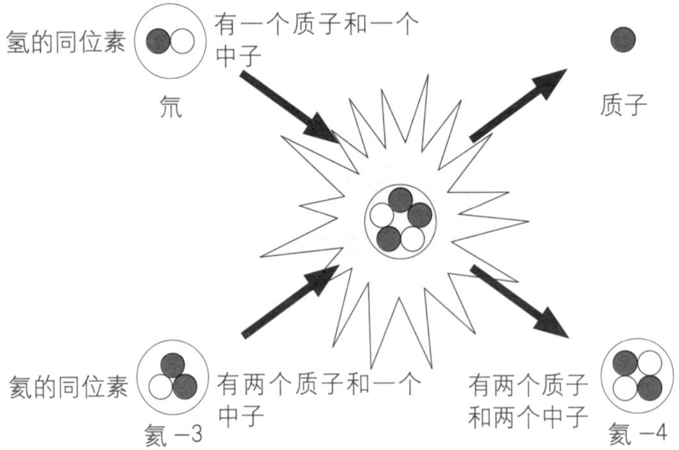

核聚变反应式示意图

资源可提供能维持人类社会持续发展一万年以上的核聚变发电的燃料。

再次，月球将成为人类探测飞向火星和小行星的转运站与基地。美国计划在2024年实现载人登月后，利用月球空间站飞向火星与小行星。如果人类在月球南极地区建设激光或微波武器的军事基地，仅需1.3秒即可毁灭地球空间和地球表面的各种军事设施。由于月球的一个昼夜相当于28个地球日，日夜温差巨大，且月球表面环境为超高真空，没有大气活动、偶极子磁场和磁层屏蔽，宇宙辐射强，科学家可以利用月球的特殊环境研制新型材料，开展天文观测和地球环境变化监测。人类还能开展载人绕月飞行旅游等。